HUMAN HEALTH EXPERTS

Ernährung in der Schwangerschaft:
Wie Sie sich richtig ernähren und fit bleiben in der Schwangerschaft, inkl. Ernährungsplan, Trainingsplan, großem Rezeptteil „Smoothies und Co."

Alles über die richtige Ernährung und Bewegung in der Schwangerschaft

Rezeptteil „Smoohties und Co."

Gratis Videokurs für Männer
http://bit.ly/fuerdenmann

Haftungsausschluss

Die Inhalte dieses Buches wurden mit größter Sorgfalt erstellt. Für die Richtigkeit, Vollständigkeit und Aktualität der Inhalte kann jedoch keine Gewähr übernommen werden. Der Inhalt des Buches repräsentiert die persönliche Erfahrung und Meinung des Autors und dient nur dem Unterhaltungszweck. Der Inhalt sollte nicht mit medizinischer Hilfe verwechselt werden. Es wird keine juristische Verantwortung oder Haftung für Schäden übernommen, die durch kontraproduktive Ausübung oder durch Fehler des Lesers entstehen. Es kann auch keine Garantie auf Erfolg übernommen werden. Der Autor übernimmt daher keine Verantwortung für das Nicht-Erreichen der im Buch beschriebenen ziele. Dieses Buches enthält Links zu externen Webseiten Dritter, auf deren Inhalte wir keinen Einfluss haben. Deshalb können wir für diese fremden Inhalte auch keine Gewähr übernehmen. Für die Inhalte der verlinkten Seiten ist stets der jeweilige Anbieter oder Betreiber der Seiten verantwortlich. Die verlinkten Seiten wurden zum Zeitpunkt der Verlinkung auf mögliche Rechtsverstöße überprüft. Rechtswidrige Inhalte waren zum Zeitpunkt der Verlinkung nicht erkennbar. Eine permanente inhaltliche Kontrolle der verlinkten Seiten ist jedoch ohne konkrete Anhaltspunkte einer Rechtsverletzung nicht zumutbar. Bei Bekanntwerden von Rechtsverletzungen werden wir derartige Links umgehend entfernen.

Ernährung in Schwangerschaft: Gesund und fit

Alles über die richtige Ernährung und Bewegung in der Schwangerschaft.

Rezepte „Smoothies und Co.“

Marlene Friedmann & HUMAN HEALTH EXPERTS

Inhaltsverzeichnis

Vorwort

Freude. Nervosität. Ein gewisses Gefühl der Verklemmtheit. So hätte ich meine emotionale Verfassung beschrieben, als ich das erste Mal von meiner Schwangerschaft erfahren hatte. Natürlich war mit dieser neuen Erkenntnis sehr viel Glück verbunden, doch trotzdem fühlte ich mich nicht wirklich vorbereitet für das Abenteuer Schwangerschaft.

Haben Sie erst kürzlich herausgefunden, dass Sie schwanger sind und fühlen Sie sich genauso verloren, brauchen Sie sich keine Sorgen machen. Die meisten Frauen fühlen sich für Ihre Schwangerschaft und die bevorstehenden Herausforderungen nicht wirklich bereit. Und das ist in Ordnung so.

Ist es Ihre erste Schwangerschaft, dann steht Ihnen eine aufregende und spannende Zeit bevor, die Sie niemals wieder vergessen werden. Sie werden bald lernen vollständig neue Aufgaben zu bewältigen und wie Sie sich zu einer hervorragenden Mutter entwickeln können. Selbstverständlich werden Sie Fehler auf Ihrem Weg zu einer großartigen Mutter machen und das ist vollkommen normal. Hören Sie auf sich unnötigen Stress zu machen und konzentrieren Sie sich auf die tollen Zeiten, die Ihnen bevorstehen. Alle Anstrengungen werden es am Ende wert sein, wenn Sie das erste Mal Ihr Kind in den Armen halten können. Schauen Sie in die Augen Ihres Neugeborenen, werden Ihre Kummer und Sorgen komplett in den Hintergrund rücken. Sie werden ganz genau erkennen, dass die Schwangerschaft alle Anstrengungen wert war.

Mein Name ist Marlene Friedmann und ich bin als Ernährungsberaterin Teil der HUMAN HEALTH EXPERTS. Nach meiner zweiten Schwangerschaft entschieden wir uns, mit einem Buch zukünftige und frischgebackene Mütter fit und gesund durch die Schwangerschaft zu begleiten.

Viele werdende Mütter fühlen sich in ihrer Situation alleingelassen und den kommenden Herausforderungen einfach nicht gewachsen.

Eines kann ich Ihnen vorweg verraten: 99 % der Mütter haben sich einst genauso gefühlt und konnten schlussendlich alle auftretenden Probleme lösen. Die meisten Ihrer Sorgen sind unnötig und rauben Ihnen nur kostbare Lebensenergie.

In diesem Buch erfahren Sie basierend auf dem Erfahrungsschatz unserer HUMAN HEALTH EXPERTS, wie Sie das Mutterwerden und Muttersein erfolgreich meistern können durch die Anwendung der richtigen Vorgehensweise.

Erfahren Sie, wie Sie die Gesundheit Ihres Neugeborenen durch die richtige Ernährungsweise sicherstellen und gefährliche Stolperfallen überwinden können. Doch damit nicht genug: Sie werden außerdem Tipps erhalten, damit Sie auch nach der Schwangerschaft Ihre Fitness steigern können und einen gesunden Lebensstil als aktive Mama leben können.

Sie werden im Laufe dieses Buchs ebenfalls erfahren, welche Rolle die Bewegung für Ihre Gesundheit und die Ihres zukünftigen Kindes spielt. Sehen Sie diesen Ratgeber als Ihren persönlichen Leitfaden, der Ihnen die wichtigsten Tipps und Tricks für das erfolgreiche Mutterwerden vorstellt.

Aber nicht nur die werdenden Mamas wollen wir begleiten. Die zukünftigen Papas haben erfahrungsgemäß auch viele Fragen, Ängste und Sorgen rund um die Schwangerschaft und Geburt. Um die Papas auf ihre zukünftige Rolle vorzubereiten und ihnen wertvolle Tipps und Überlebensstrategien mit auf die Reise zu geben, haben wir eine Videoreihe erstellt:

https://www.mann-weiss-bescheid.de/dein-geschenk.

Mit diesen Videos erhalten werdende Väter alle Infos von Mann zu Mann. Ich kann Ihren Partnern diese Videos wirklich wärmstens empfehlen und Sie können gespannt sein, wie sich Ihr Partner während der Schwangerschaft und Geburt verhält. Den kostenlosen Videokurs erhält Ihr Partner über folgenden Link: https://www.mann-weiss-bescheid.de/dein-geschenk

Ich möchte mich im Namen der HUMAN HEALTH EXPERTS nochmal bedanken für den Kauf dieses Buchs und wünsche Ihnen nun viel Spaß beim Lesen dieses Buchs.

Marlene Friedmann

"In dem Moment, in dem ein Kind geboren wird, wird auch die Mutter geboren. Sie hat noch nie zuvor existiert. Die Frau existierte, aber die Mutter niemals. Eine Mutter ist etwas absolut Neues."

"Und so lebt in dir das Kind, von dem deine Mutter lebt und durch deine Familie weiterlebt ... also passe zu dieser Zeit auf dich und deine Familie auf, wie du es deiner Mutter tun würdest, denn durch dich wird sie niemals wirklich sterben."

- Osho, spiritueller Vordenker

Nährstoffe in der Schwangerschaft

Für viele Frauen ist es die Zeit der Schwangerschaft, in der Sie sich zum ersten Mal in Ihrem Leben ernsthaft mit dem Thema gesunde Ernährung auseinandersetzen. Vielleicht ist es bei Ihnen ebenfalls der Fall. Sie brauchen sich überhaupt keine Sorgen machen, falls die Beschäftigung mit einer ausgewogenen Ernährungsweise für Sie absolutes Neuland ist. Das ist es für viele und mit dem Kauf dieses Buchs machen Sie den ersten wichtigen Schritt.

Ich möchte Ihnen in diesem Buch die wichtigsten Ernährungsgrundlagen vorstellen, damit Sie ein hervorragendes Verständnis für die wichtigsten Nährstoffe in der Schwangerschaft bekommen.

Grundsätzlich muss in der Ernährung zwischen 2 verschiedenen Typen von Nährstoffen unterschieden werden:

1. Den Makronährstoffen
2. Den Mikronährstoffen

Beide Nährstoffarten spielen eine wichtige Rolle und beeinflussen unser körperliches Wohlergehen enorm.

Die Makronährstoffe

Dieser Nährstofftyp liefert unseren Körper direkt Energie, die er für die Aufrechterhaltung diverser Stoffwechselvorgänge und für die Bewegungsfähigkeit benötigt. Selbst im absoluten Ruhezustand benötigt unser Körper Energie, damit er die wichtigsten Prozesse unseres Stoffwechsels erhalten kann.

Dazu gehören Vorgänge wie die Atmung, die Verdauung oder das Pumpen von Blut durch den Herzschlag. In der Schwangerschaft haben wir einen höheren Energieverbrauch, da wir ebenfalls die Energie für unser heranwachsendes Kind aufnehmen müssen. Bereits ab dem 4. Monat der Schwangerschaft erhöht sich Ihr durchschnittlicher Energieverbrauch um 11 %. Es ist also ganz normal, wenn Sie ein größeres Hungergefühl in dieser Zeit verspüren.

Sie können Energie in Form 3 verschiedener Makronährstoffe aufnehmen

- Den Kohlenhydraten
- Den Fetten
- Den Proteinen

Die Kohlenhydrate

-Der Energietreibstoff für unseren Kreislauf-

Was macht diesen Makronährstoff so besonders?

Die Kohlenhydrate dienen im Körper als hauptsächlicher Energielieferant und geben uns die Kraft für alle anstehenden Tätigkeiten. Man unterscheidet grundsätzlich zwischen den simplen und den komplexen Kohlenhydraten. Simple Kohlenhydratquellen geben Dir zwar in einer kurzen Zeit viel Energie, aber beeinflussen den Blutzuckerspiegel negativ.

Nahrungsmittel wie Süßigkeiten oder Weißbrot gehören zum Beispiel zu den simplen Kohlenhydratquellen. Zuckerhaltige Speisen sollten nicht nur in der Schwangerschaft vermieden werden, sondern sind für keine gesunde Ernährung im Allgemeinen geeignet. Zucker kann süchtig machen, ruft Heißhunger hervor und raubt dem Körper langfristig Energie. Die komplexen Kohlenhydratquellen bringen solche negativen körperlichen Konsequenzen nicht mit sich und können problemlos verzehrt werden.

Welche Bedeutung haben Kohlenhydrate für die Schwangerschaft?

Der Verzehr von gesunden Kohlenhydratquellen ruft ein langes Sättigungsgefühl hervor und hilft bei der Stabilisierung des Blutzuckerspiegels. Sie liefern dem Körper den notwendigen Treibstoff zur Aktivierung der wichtigsten Stoffwechselabläufe und hält Sie in der Schwangerschaft fit.

Welche Kohlenhydratquellen eignen sich für den Verzehr am besten?

Wie bereits erwähnt, sollte auf zuckerhaltige Speisen vollständig verzichtet werden.

Diese Lebensmittel sollten Sie lieber vermeiden:

- Haushaltszucker
- Marmelade
- Honig
- Weißmehlprodukte
- Diverse Süßigkeiten
- Fruchtsäfte mit einen hohen Obstzuckergehalt

Greifen Sie lieber auf gesunde Kohlenhydratquellen zurück, wie zum Beispiel:

- Naturreis
- Vollkornnudeln
- Vollkornbrot
- Kartoffeln
- Süßkartoffeln
- Quinoa
- Amaranth
- Linsen

Wie viele Kohlenhydrate sollten Sie optimalerweise täglich verzehren?

In einer ausgewogenen Ernährung sollten Sie etwa 55 – 60 % Ihrer täglichen Energie durch den Verzehr von Kohlenhydraten aufnehmen.

Das Protein

- Der Baustein für beinahe alle Körperstrukturen -

Was macht diesen Makronährstoff so besonders?

Haare, Knochen, Gelenke, Sehnen, die Haut und die Muskeln...alles Körperstrukturen, die hauptsächlich aus Protein aufgebaut sind. Sie sehen also, Protein muss im Körper ausreichend vorhanden sein, um die Aufrechterhaltung und das Wachstum neuer Zellen zu fördern. Protein besteht im Grundkern aus einer Anreihung sogenannter Aminosäuren, die zusammen eine Kette bilden. Diese Kette wird schlussendlich als Protein bezeichnet.

Proteine sind nicht nur wichtig für den Aufbau von Zellen, sondern beeinflussen auch aktiv Stoffwechselvorgänge als Enzyme. Sie sind ebenfalls beteiligt an der Steuerung und Kontrolle von Zellfunktionen und verhelfen zu einem gesunden und leistungsstarken Immunsystem.

Welche Bedeutung haben Proteine für die Schwangerschaft?

In der Zeit der Schwangerschaft haben Sie einen erhöhten Proteinbedarf, da der Nährstoff für den Aufbau neuer Körperzellen des Babys benötigt wird. Der Verzehr von gesunden Proteinquellen führt ebenfalls zu einem langanhaltenden Sättigungsgefühl und verhilft zu optimaler geistiger Leistungsfähigkeit.

Welche Proteinquellen eignen sich für den Verzehr am besten?

Es wird differenziert zwischen den tierischen und pflanzlichen Proteinquellen. Entscheidend bei der Proteinaufnahme ist jedoch nicht die Proteinquelle, sondern die gesamte biologische Wertigkeit einer Mahlzeit. Die biologische Wertigkeit sagt aus, wie gut Protein einer bestimmten Speise für den Körper verwertet werden kann. Je ähnlicher die Proteinstruktur einer Mahlzeit im Vergleich zu der Proteinstruktur unseres Körpers, desto besser ist die Speise für den Körper verwertbar.

Aus diesem Grund haben tierische Lebensmittel generell eine höhere biologische Wertigkeit, als pflanzliche Nahrungsmittel. Vegetarier und Veganer müssen bei dieser Aussage jedoch nicht verzweifeln, da eine hohe biologische Wertigkeit durch die Kombination verschiedener pflanzlicher Lebensmittel erreicht werden kann. Im Kapitel über die vegetarische Ernährung, gehen wir diesem Thema genauer nach.

Folgende Lebensmittel sind geeignete Proteinquellen:

- Fisch (vor allem fettreicher Fisch wie zum Beispiel Lachs oder Forelle)
- Fleisch (magere Fleischsorten wie Rind oder Pute eignen sich hervorragend)
- Milchprodukte (z.B. Käse, Quark, Joghurt)
- Nüsse (z.B. Erdnüsse, Wallnüsse, Cashewnüsse)
- Hülsenfrüchte (z.B. Erbsen, rote Linsen, Quinoa)
- Meeresfrüchte und Meerestiere (z.B. Muscheln, Garnelen, Shrimps, Algen)

Wie viele Proteine sollten Sie optimalerweise täglich verzehren?

In der Schwangerschaft sollten etwa 20 – 25 % der täglichen Energieaufnahme durch Protein abgedeckt werden.

FETT

- Die oft vergessene Zutat für einen gesunden Körper -

Was macht diesen Makronährstoff so besonders?

Viel zu oft wird Fett verteufelt als ungesund oder Ursache für Übergewicht. Die Aussage „Fett macht fett“ ist absolut nicht wahr und sollte von Ihnen lieber vergessen werden. Der Verzehr von gesunden Fettsäuren ist unglaublich wichtig für unseren Körper und Fett ist ein großer Einflussfaktor auf den Hormonhaushalt, die allgemeine Stimmungslage und das generelle Wohlbefinden.

Man unterscheidet zwischen verschiedenen Typen von Fettsäuren, nämlich den gesättigten, den ungesättigten und den mehrfach ungesättigten Fetten. Einen besonderen Typ stellt dabei die künstlich hergestellte Fettsäure namens Transfett dar. Diese Fettsorte entsteht durch die industrielle Verhärtung pflanzlicher Fettsäuren, um die Haltbarkeit und Hitzebeständigkeit des Fetts zu erhöhen.

Sie wird vor allem verwendet bei der Herstellung von Fast Food Lebensmitteln wie Pommes Frites, Hamburger oder Pizza. Untersuchungen haben gezeigt, dass der regelmäßige Verzehr von Transfettsäuren die Cholesterin Werte negativ beeinflusst, das Risiko für Herzkreislauf Krankheiten erhöht und auch zu schlechteren Blutwerten führt. Diese Fettsäure gilt es daher unbedingt zu vermeiden in der Schwangerschaft.

Welche Bedeutung hat Fett für die Schwangerschaft?

Die benötigte Aufnahme von Fett steigert sich in der Schwangerschaft nicht wirklich. Trotzdem hat ein Großteil der Bevölkerung ein chronisches Defizit beim genügenden Verzehr der wichtigen Omega-3 Fettsäuren. Die westliche Ernährungsweise ist von der Zufuhr großer

Mengen Omega-6 Fettsäuren durch Nahrungsmittel wie Sonnenblumenöl, roten Fleisch oder Milchprodukten geprägt.

Das Problem dabei: Es muss ein Gleichgewicht hergestellt werden zwischen der Aufnahme von Omega-3 Fettsäuren und Omega-6 Fettsäuren, damit der Stoffwechsel optimal funktioniert. Durch die erhöhte Omega-6 Aufnahme und dem Defizit an Omega-3 kommt es daher oftmals zu negativen Konsequenzen für den Körper. Die mentale Leistungsfähigkeit wird eingeschränkt, die Immunabwehr sinkt und viele weitere ungünstige hormonelle Effekte können auftreten.

Dabei kann ein Omega-3 und 6 Gleichgewicht einfach hergestellt werden, indem man mehr fettreichen Fisch verzehrt. Wichtig ist, dass man den Fisch davor ausreichend abkocht um gefährliche Bakterien wie Listerien abzutöten. Für die Entwicklung Ihres Babys ist die ausreichende Aufnahme von Omega-3 Fettsäuren unglaublich wichtig, da das Fett einen wichtigen Einfluss nimmt auf die Entwicklung der Gehirnfunktionen und Sehkraft des Neugeborenen.

Welche Fettquellen eignen sich für den Verzehr am besten?

Es sollten vielfältige Arten von Fett in der Ernährung eingebaut werden. Oftmals werden auch die gesättigten Fettsäuren verteufelt, da sie angeblich die Cholesterinwerte negativ beeinflussen. Diese Aussagen wurden gemacht basierend auf Kurzzeitstudien, die jedoch nicht relevant sind um eine wahrheitsgemäße Aussage zu machen. Andere Untersuchungen haben wiederrum gezeigt, dass gesättigte Fettsäuren sich sogar positiv auf Herzkreislauf Erkrankungen auswirkt und die Blutwerte verbessert. Gesättigte Fettsäuren sind daher auch in der Schwangerschaft kein Tabu.

Gesunde gesättigte Fettsäuren sind enthalten in:

- Kokosöl
- Butter
- Käse
- Vollmilch
- Sahne

Gesunde einfach ungesättigte Fettsäuren sind enthalten in:

- Olivenöl
- Rapsöl
- Avocado
- Haselnüsse

Gesunde mehrfach ungesättigte Fettsäuren sind enthalten in:

- Thunfisch
- Eigelb
- Lachs
- Chia Samen
- Lein öl
- Hanföl
- Walnussöl
- Sprotten
- Hering
- Makrelen

Wie viel Fett sollten Sie optimalerweise täglich verzehren?

Etwa 25 – 30 % der täglichen Energiezufuhr sollte aus Fettquellen stammen.

Die Mikronährstoffe

Im Gegensatz zu den Makronährstoffen liefern die Mikronährstoffe dem Körper nicht direkt Energie. Doch auch diese Vitalstoffe spielen eine essentielle Rolle für die körperliche Gesundheit und müssen vor allem in der Schwangerschaft ausreichend abgedeckt werden.

Zu den Mikronährstoffen gehören die Vitamine, Mineralien, sekundären Pflanzenstoffe und Spurenelemente mit dazu. Diese Bestandteile unserer Nahrung sorgen für eine gesunde Verdauung, beeinflussen den Hormonhaushalt enorm, werden als Enzyme für die Aktivierung bestimmter Stoffwechselvorgänge verwendet und stärken ebenso das Immunsystem. Ohne die Aufnahme dieser Mikronährstoffe wäre ein Überleben nicht möglich.

Wenn Makronährstoffe die Energietreibstoffe für unseren Körper sind, dann sind die Mikronährstoffe der Motor unseres Betriebes.

Mikronährstoffe finden sich in großen Mengen hauptsächlich in Gemüse. Besonders grüne Gemüsesorten gelten als nährstoffreich und versorgen den Körper mit einer Vielfalt wichtiger Vitamine und Mineralien.

Ich möchte Ihnen in einer übersichtlichen Tabelle die wichtigsten Mikronährstoffe vorstellen, die sie in der Schwangerschaft unbedingt genügend zu sich nehmen sollten. Sie erfahren ebenso, welche Lebensmittel diese Vitalstoffe enthalten. So können Sie Gefahren eines Nährstoffdefizits ganz einfach vermeiden.

Bezeichnung	Ist zuständig für	Empfohlene Tagesdosis	Nährstoffquelle
Folsäure	Wachstum des Kindes & Aufbau gesunde Gehirnfunktion	550 µg für Schwangere und 450 µg für Stillende	Frischer Spargel, Orangensaft, Spinat, Weizenkeime
Vitamin D	Knochenbildung, Stärkung Immunsystem	Etwa 100 µg oder 4000 IE	Bildet Körper unter Einstrahlung der Sonne – 20 Minuten täglich volle Sonnenstrahlung genügt, alternativ Vitamin D Präparat
Vitamin E	Immunabwehr	14 mg für Schwangere und 18 mg für Stillende	Hühnereier, Gouda, Haferflocken
Vitamin B6	Nervenfunktion, Regulierung Hormonhaushalt	1,9 mg für Schwanger und Stillende	Bananen, Kartoffeln, Grüne Erbsen
Vitamin B12	Regulierung Eiweiß- und Nervenstoffwechsel, Knochenwachstum	3,5 µg für Schwangere und 4 µg für Stillende	Frischkäse, Rindersteak
Vitamin A	Aufbau eines gesunden Sehvermögens, Knochenbildung	1,1 mg für Schwangere und 1,5 mg für Stillende	Karottensaft, Kürbis, Honigmelone
Zink	Aufbau Haut, Haare, Nägel, Stärkung Immunsystem	10 mg für Schwangere und 11 mg für Stillende	Sonnenblumenkerne, Lamm

Eisen	Sauerstofftransport des Körpers, Bildung roter Blutkörperchen	30 mg für Schwangere und 20 mg für Stillende	Kichererbsen, Haferflocken, Frühstückszwiebeln
Jod	Schilddrüsenfunktion & Energiestoffwechsel	230 µg für Schwangere und 260 µg für Stillende	Seefisch, Zusatz in Salzprodukten, Milchprodukte
Kalzium	Herzgesundheit, Bildung Knochen, Zähne und Muskeln	1000 mg für Schwangere und 1200 mg für Stillende	Milchprodukte, Sojajoghurt
Vitamin C	Zellwachstum, Stärkung Immunsystem	105 mg für Schwangere und 125 mg für Stillende	Erdbeeren, Brokkoli, Orangensaft
Magnesium	Zellwachstum, Regulierung Insulin Haushalt, Reparatur & Neubildung von Zellen	310 mg für Schwangere und 390 mg für Stillende	Spinat, Naturreis

Welche Lebensmittel sollten Sie lieber vermeiden?

Nachdem Sie mittlerweile eine Liste an empfohlenen Lebensmitteln kennenlernen konnten, müssen wir auch die Tabus in der Schwangerschaft nennen. Es gibt bestimmte Nahrungsmittel, die Sie als Schwangere definitiv vermeiden sollten.

Sie sollten vor allem rohe Lebensmittel vollständig aus ihren Ernährungsplan streichen. Ungekochte, unverarbeitete Speisen können die sogenannten Listerien & Toxoplasma beinhalten. Diese sind kleine Bakterien, die sich vor allem auf rohen Lebensmitteln verteilen könne. Eine Aufnahme kann zu einer gefährlichen Magen-Darm Infektion führen, welche die Gesundheit des Kindes ernsthaft gefährdet. Normalerweise braucht man sich bei dem Verzehr roher Lebensmittel keine Sorgen um eine Infektion machen, doch Schwangere haben ein bis zu 13 x höheres Risiko durch den Verzehr von Listerien & Toxoplasma zu erkranken.

Diese Lebensmittel sollten deshalb vermieden werden:

- Rohe Fleischprodukte: z.B. Tatar oder Geflügel
- Roher Fisch: z.B. Sushi
- Muscheln und Meeresfrüchte
- Leber und Niere
- Rohe Eier
- Rohmilch und Rohkäse

Sie können trotzdem Fleisch und Fisch verzehren, wenn Sie die Lebensmittel zuvor richtig abkochen und erhitzen bei einer Temperatur von mindestens 70 Grad für mindestens 2 Minuten. Unter diesen Bedingungen sterben die Krankheitserreger nämlich ab.

Neben der Infektion durch die obengenannten Erreger, sollten auch weitere Lebensmittel aus hygienischen Gründen lieber vermieden werden.

Dazu gehören auch:

- Bereits abgepackte Salate, Rohkost, rohe Sprossen und Keimlinge
- Antipasti und Feinkostsalate

Tabus

Ein absolutes Tabu - Alkohol

Sie wissen sicherlich schon, dass der Verzehr von Alkohol Schäden für Ihr Ungeborenes mit sich bringt. Viele werdende Eltern sind sich jedoch unschlüssig, welche Alkoholmengen tatsächlich gefährlich für das Kind sind. Können Sie noch ein kleines Sektglas genießen oder eine Glas Rotwein?

In der Regel gilt: Sie sollten absolute Abstinenz in der Schwangerschaft behalten. Der Stoffwechsel Ihres Ungeborenen ist schon sehr früh mit Ihren Blutkreislauf verbunden und bereits geringe Mengen können sich negativ auf die Gesundheit Ihres Kindes auswirken. Sind Sie auf die Einnahme bestimmter Medikamente draufangewiesen, dann sollten Sie den Alkoholgehalt der Medizin überprüfen. Halten Sie Rücksprache mit Ihren Arzt und erklären Sie Ihnen Ihre Bedenken. Der Doktor kann Ihnen gegebenenfalls ein alkoholfreies Medikament verschreiben, welches keine Gefahr für Ihr Kind darstellen kann.

Neben diesen Tabus gibt es auch Lebensmittel, die Schwangere nur in begrenzten Mengen verzehren sollten. Hier gilt wie immer: Die Menge macht das Gift!

Betroffen sind davon:

Getränke, die Koffein enthalten

Beim Genuss von Kaffee sollten sich Schwangere lieber zurückhalten, da eine zu hohe Aufnahme von Koffein sich negativ auf das Ungeborene erhöht. Zu hohe Mengen Koffein erhöhen das Stresslevel und können das Geburtsgewicht des Kindes senken. Sie sollten sich deshalb auf maximal 3 Tassen Kaffee beschränken (150 ml). Aber auch Getränke, wie schwarzer Tee, grüner Tee oder Mate Tee enthalten Koffein. Auch dort sollten Sie maximal 3 Tassen am Tag trinken.

Cola & Eistee

Zuckerhaltige Softdrinks wirken sich nicht nur negativ auf Ihre eigenen Gesundheit aus, sondern auch auf die Gesundheit des Kindes. Die meisten Softdrinks enthalten künstliche Farbstoffe, chemische Zusatzstoffe und weitere fragwürdige Zutaten. Sie sollten in der Schwangerschaft sich bei diesen Getränken lieber zurückhalten.

Herkömmliche Energy Drinks

Klassische Energy Drinks enthalten nicht nur große Mengen an Zucker, sondern haben außerdem einen hohen Koffeingehalt. Für Schwangere sind die zuckerhaltigen Wachmacher daher eher nicht geeignet.

Wilde Pilze

Gehen Sie auf Pilzsuche sollten Sie als Schwangere lieber 2-Mal über den Verzehr von Waldpilzen nachdenken. Zum einen sollten Sie sicherstellen, dass die Pilze tatsächlich essbar sind und von keinen Parasiten befallen sind. Zum anderen können Wildpilze Schadstoffe enthalten wie die Schwermetalle Quecksilber oder auch Cadmium. Diese wirken sich giftig auf den Körper aus, wenn sie in zu großen Mengen aufgenommen werden.

Produkte aus Weißmehl

Lebensmittel aus Weißmehl sollten zum größten Teil vermieden werden. Sie enthalten nur eine geringe Nährstoffdichte, sättigen nicht wirklich und führen zu ungewollten Gewichtssteigerungen. Auch das Risiko auf gefährliche Schwangerschaftsdiabetes wird durch den überschüssigen Konsum von Weißmehl erhöht. Anstatt Produkte aus hellen Mehl zu verzehren, sollten Sie lieber auf reichhaltigere Vollkornprodukte umsteigen. Diese enthalten mehr Vitalstoffe und einen höheren Gehalt an Ballaststoffen.

Das Risiko eines Zuckerverzehrs für Sie und Ihr Kind

Allgemein sollten Sie es sich zur Regel machen, zuckerreiche Nahrungsmittel vollständig aus Ihren Ernährungsplan zu verbannen. Überschüssiger Zuckerverzehr wirkt sich negativ auf den Blutzuckerspiegel aus, erhöht das Risiko für Diabetes und steigert außerdem die Wahrscheinlichkeit auf Herzkreislaufkrankheiten. Die Versuchung auf einen hohen Zuckerkonsum kann sich in der Schwangerschaft steigern, doch Sie sollten dagegen ankämpfen.

Ein zu häufiger Konsum zuckerhaltiger Lebensmittel kann zu Gestationsdiabetes führen. Dadurch steigert sich je nach Ausmaß, das Risiko für gefährliche Infektionskrankheiten, die fatale Folgen für die Gesundheit Ihres Kindes haben kann. Auch die Wahrscheinlichkeit für eine gefährliche Frühgeburt steigt durch Gestationsdiabetes an.

Durch einen zu hohen Zuckerverzehr steigert sich ebenfalls die Chance auf ein zu hohes Geburtsgewicht des Neugeborenen. Gewichte von über 4000 g können dadurch sogar zustande kommen. Die Zuckeraufnahme beeinflusst nicht nur den eigenen Insulinspiegeln, sondern auch die Insulinwerte des Ungeborenen. Ein gesteigerter Insulinspiegel führt zu einer erhöhten Ablagerung von Zucker in den Knochen des Babys, welches die Knochenstrukturen brüchiger macht. Weitere Risiken für das Kind nach der Geburt sind mögliche Atemprobleme, ein schwächeres Immunsystem und auch Herzkreislaufkrankheiten sind wahrscheinlicher.

Sie erkennen also, dass der Verzehr von Zucker ein großes Risiko für Ihr Neugeborenes darstellt. Verzichten Sie auf alle zuckerhaltigen Mahlzeiten soweit wie es geht, um Ihrer eigenen Gesundheit und dem Wohlergehen Ihres Kindes, etwas Gutes zu tun.

Süßstoffe in der Schwangerschaft

Sie wissen jetzt: Der Verzehr von Zucker hat negative Konsequenzen in der Schwangerschaft und Sie sollten darauf lieber verzichten. Wie sieht es aber mit Süßstoffen aus?

In vielen Getränken finden sich Süßstoffe wie zum Beispiel Aspartam oder Saccharin, welche äußerst kritisch betrachtet werden sollten. Aber auch Lebensmittel wie zum Beispiel Joghurts oder Süßigkeiten enthalten oftmals Süßungsmittel. Die Wissenschaft ist sich noch nicht ganz sicher, welches Risiko der Verzehr künstlicher Süßstoffe für die Gesundheit wirklich mit sich bringt. Eines ist jedoch klar: Falls Sie Süßungsmittel wirklich verwenden wollen, dann immer nur unter genauen Bedacht. Natürliche Süßstoffe sind garantiert unbedenklicher, als künstliche Zuckerersatzstoffe.

Sie sollten vor allem auf chemische Süßungsmittel verzichten, wie zum Beispiel:

- Aspartam
- Saccharin
- Sucralose
- Acesulfam
- Oder Cyclamat

Möchten Sie Zuckerersatzstoffe verwenden, empfehlen sich natürlichere Varianten wie:

- Stevia
- Erythrit
- Luo Han Guo
- Oder Süßholzwurzel

Die neue Ernährungspyramide

Im Laufe der Zeit haben sich die Erkenntnisse im Bereich der Ernährung erweitert und wir wissen heute viel gewisser, welche Lebensmittel tatsächlich gesund sind. Die alte Ernährungspyramide schlägt den Verzehr von Getreideprodukten mehrfach am Tag vor und stellt ebenfalls Obst und Gemüse auf eine gleiche Stufe. Aktuellere Untersuchungen haben jedoch gezeigt, dass ein anderer Ansatz für die Aufrechterhaltung der optimalen Gesundheit verwendet werden muss.

Diese neue Ernährungspyramide hat ebenfalls eine Relevanz für Schwangere und kann genauso umgesetzt werden. Lediglich die bereits erwähnten Besonderheiten der Ernährung in der Schwangerschaft, sollten beachtet werden.

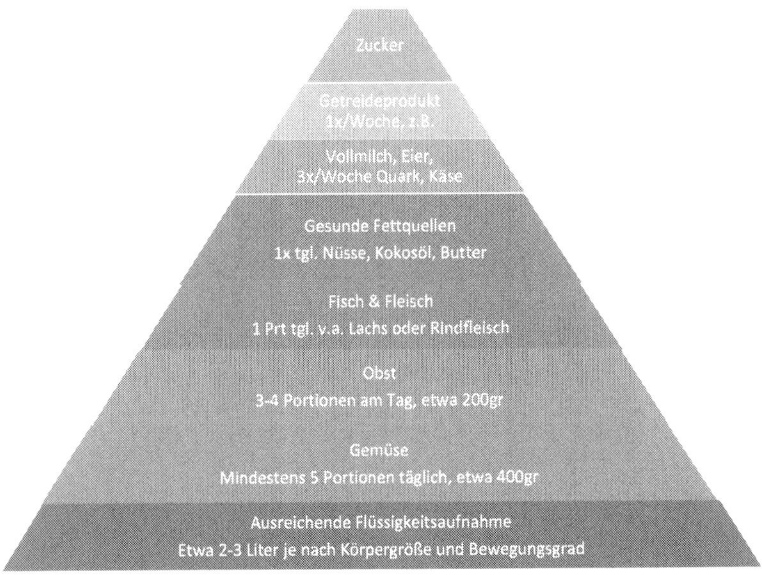
Zucker
Getreideprodukt
1x/Woche, z.B.
Vollmilch, Eier,
3x/Woche Quark, Käse
Gesunde Fettquellen
1x tgl. Nüsse, Kokosöl, Butter
Fisch & Fleisch
1 Prt tgl. v.a. Lachs oder Rindfleisch
Obst
3-4 Portionen am Tag, etwa 200gr
Gemüse
Mindestens 5 Portionen täglich, etwa 400gr
Ausreichende Flüssigkeitsaufnahme
Etwa 2-3 Liter je nach Körpergröße und Bewegungsgrad

Die ideale Einkaufsliste für Schwangere & Stillende

Eine gesunde Ernährung beginnt nicht erst in der Küche, sondern fängt bereits mit dem erfolgreichen Einkauf an. Wählen Sie bereits im Supermarkt Ihre Lebensmittel richtig aus, sind Sie bereits den wichtigsten Schritt zu einer ausgewogenen & balancierten Ernährungsweise gegangen. Wie sagt man so schön: Vorbereitung ist die halbe Miete!

Diese Shopping Liste wurde in 4 Teile separiert: Von der ersten Lebensmittelkategorie sollten sie immer ausreichend im Haushalt haben. Diese Nahrungsmittel können sie täglich verzehren. Die 2. Kategorie stellt Nahrungsmittel dar, die sie etwa 3-4 Mal die Woche essen dürfen. Die letzte Kategorie stellt Lebensmittel dar, die sie nur Ausnahmefällen verzehren dürfen.

Lebensmittelkategorie	Dazugehörige Speisen
1 – Kann täglich verzehrt werden (dabei mit verschiedenen Lebensmitteln abwechseln)	**Gemüse (Praktisch alle Gemüsesorten ohne Einschränkungen)** • Spinat • Brokkoli • Blumenkohl • Grünkohl • Tomaten • Paprika • Spargel • Avocado • Kartoffeln & Süßkartoffeln • Möhren • Aubergine • Porree • Rettich **Obst (Früchte mit geringeren Zuckergehalt)** • Äpfel • Beeren (z.B. Himbeeren, Erdbeeren, Heidelbeeren)

	• Zitrusfrüchte (z.B. Zitronen, Grapefruits, Limetten) • Wassermelone **Fisch (immer vorgekocht)** • Lachs • Dorsch • Sardinen • Hering **Fleisch (immer vorgekocht)** • Rindfleisch • Lamm **Getreide** • Quinoa • Amaranth • Buchweizen • Dinkel • Hirse **Samen** • Chiasamen • Leinsamen • Hanfsamen **Eier aus Freilandhaltung** **Fett** • Kokosöl • Kokosbutter • Mandelbutter • Olivenöl • Butter **Getränke** • Mineralwasser • Ungesüßte Kräuter- und Früchtetees
2 – Kann in Maßen verzehrt werden (3-4x in der Woche)	**Fleisch (immer vorgekocht)** • Pute • Hähnchen **Obst**

	• Bananen • Ananas • Drachenfrucht • Aprikose **Hülsenfrüchte** • Soja • Kidneybohnen • Kichererbsen **Milchprodukte** • Vollmilch • Quark • Joghurt • Sahne
3 – Sollte nur in Ausnahmefällen verzehrt werden (1x in der Woche)	**Fleisch (immer vorgekocht)** • Schweinefleisch **Weizenprodukte** • Haferflocken • Nudeln • Brot • Müsli
4 – Tabus in der Schwangerschaft	**Zuckerhaltige Lebensmittel** • Süßigkeiten • Fruchtdrinks (zu viel Fruchtzucker) • Softdrinks (z.B. Cola oder Eistee) **Alkoholhaltige Getränke** **Lebensmittel mit rohen Inhalten** • Sushi • Austern • Pate **Käse mit Schimmelrändern (Gefahr Listeria Bakterien)** • Brie • Camembert • Blauschimmelkäse • Gorgonzola **Spezielle Fischsorten (zu hoher**

	Quecksilbergehalt) • Hai • Schwertfisch • Merlin • Aal • Hecht • Seeteufel

Bewegung in der Schwangerschaft

Viele Mütter meinen, dass die Schwangerschaft ein Freiticket zum Entspannen und Relaxen für die nächsten 9 Monate ist. Auch wenn Erholung ein wichtiger Teil beim Mutterwerden ist, sollten Sie sich um Ihre körperliche Fitness weiterhin kümmern. Sie werden in den Schwangerschaftsmonaten viele Veränderungen an Ihren Körper wahrnehmen und angemessene Sporteinheiten helfen bei der Vorbereitung auf den bevorstehenden Wandel.

Sie werden in diesem Kapitel kennenlernen, welche Belastungen Sie als Schwangere vermeiden sollten und wie eine gesundheitsförderliche Schwangerschaftsgymnastik aussehen kann. Gemeinsam mit dem gesamten Fit & Schwanger Team haben wir einen Trainingsplan erstellt, der genau Ihren Bedürfnissen als werdende Mami entspricht.

Warum Sie sich in der Schwangerschaft bewegen sollten

Lange Zeiten rieten Ärzte von Sport in der Schwangerschaft ab, da Sie negative Konsequenzen für die Gesundheit des Kindes befürchteten. Mittlerweile hat sich diese Meinung vollständig gewandelt und regelmäßige Bewegungseinheiten werden von Medizinern sogar empfohlen.

Vorteile vom Sport in der Schwangerschaft sind...

- Vorbeugung gegen Schwangerschaftsdiabetes und Depressionen
- Hilft gegen Rückenprobleme und senkt Wassereinlagerungen ab
- Verhindert eine übermäßige Gewichtszunahme
- Stärkt das Immunsystem der Mutter & des Kindes
- Baut Stress effektiv ab und hilft bei der Entspannung
- Sorgt für einen gesunden Herz-Kreislauf und Stoffwechsel

Schwanger sein muss also nicht bedeuten zum Bewegungsmuffel zu werden!

Durch regelmäßige Bewegung pflegen Sie also nicht nur ihre eigene Gesundheit, sondern sorgen auch für das Wohlergehen ihres Kindes. Kümmern Sie sich bereits in der Schwangerschaft um ihre Fitness, wird Ihnen nach der Geburt der Wiedereinstieg in sportliche Aktivitäten um einiges leichter fallen.

Was Sie beachten sollten

Beim Ausführen der Schwangerschaftsgymnastik gibt es bestimmte Richtlinien, die sie beim Sport beachten sollten. Halten Sie sich strikt an diese Regeln, besteht praktisch kein Risiko für sie und ihr Kind. So können Sie sicherstellen, dass sich ihre Gymnastikeinheiten wirklich positiv auf ihre Gesundheit auswirkt.

Flüssigkeitszufuhr beachten

Achten Sie beim Sport immer darauf, genügend Wasser zur Verfügung zu haben. Besonders beim intensiven Training unter der Sonne ist der Bedarf an Flüssigkeit erhöht. Stellen Sie sich deshalb immer eine Wasserflasche mit einem Inhalt von etwa 1,5 l bereit.

Die Atmung richtig durchführen

Die Sauerstoffversorgung ist unglaublich wichtig, wenn Sie ihre sportlichen Einheiten durchführen. Atmen Sie tief und gleichmäßig bei der Umsetzung der Übungen. Durch die Nase sollte eingeatmet werden und über den Mund wird ausgeatmet. Vermeiden Sie Schnappatmungen und verteilen Sie den Sauerstoff durch tiefe Atemzüge im kompletten Körper.

Übertreiben Sie es nicht

Führen Sie eine angemessene Trainingsintensität durch und überfordern Sie sich mit Ihren sportlichen Anstrengungen nicht. Das Training dient dem Aufbau und der Aufrechterhaltung ihrer Gesundheit und sollte Spaß machen. Es sollte sich nicht wie pure Folter für sie anfühlen, sondern sie lediglich herausfordern.

Die richtige Trainingsausrüstung besorgen

Während der Schwangerschaft wird das Hormon Gestagen vermehrt ausgeschüttet, welches für weichere Gelenke und Bänder sorgt. Dadurch wird zwar der Körper auf die Geburt vorbereitet, doch die Körperstrukturen neben ebenfalls an Stabilität ab. Durch die Anschaffung eines ordentlichen Schuhwerks können Sie einen festeren Stand erlangen und sich vor Verletzungen schützen.

Für die Schwangerschaftsgymnastik empfiehlt sich ebenfalls der Kauf eines Gymnastikballs und einer Yogamatte. So sind sie bestens auf das Training vorbereitet.

Extreme Belastungen vermeiden

Auch wenn wir Ihnen zu Sport raten, sollten Sie sich für geeignete Sportarten zur Schwangerschaftsgymnastik entscheiden. Sportdisziplinen wie Kampfsportarten, Reiten, Klettern, Inlineskating oder Skilaufen sollten Sie prinzipiell vermeiden. Bei diesen Sportarten ist das Risiko für Stürze und Verletzungen einfach zu hoch und kann zu ernsthaften Schäden führen. Auch auf Training in großen Höhen oder bei extremen Temperaturen sollte verzichtet werden.

Immer vorher aufwärmen

Durch das Aufwärmen bereiten Sie sich mental & körperlich auf die bevorstehenden Belastungen vor und minimieren das Verletzungsrisiko durch falsch ausgeführte Bewegungen. Außerdem erhöht sich Ihr Herzschlag, weshalb sie in die richtige Stimmung für das Training kommen. Nehmen Sie sich mindestens 5 Minuten Zeit zum Ausführen einer Aufwärmeinheit.

Übungen für die Schwangerschaftsgymnastik

Ein angemessener Trainingsplan für die Schwangerschaft legt den Fokus auf die Kräftigung der Bänder, der Bein- und der Rückenmuskulatur. Auch das Becken sollte ausreichend trainiert werden. Denn schon früh in der Schwangerschaft treten größere Belastungen besonders bei diesen genannten Strukturen auf.

Die folgenden Übungen können ohne den Einsatz komplexer Trainingsgeräte von Zuhause aus durchgeführt werden.

Schneidersitz Dehnung

Notwendige Trainingsgeräte

- Keine

Ausführung der Übung

1. Machen Sie es sich in einer Sitzhaltung auf der Matte bequem
2. Ziehen Sie die Beine heran und führen Sie die Fußsohlen in der Mitte vor sich zusammen
3. Fassen Sie die Fußknöchel vor sich an und ziehen sie die Füße vorsichtig an ihren Körper heran. Sie sollten ein kleines Ziehen spüren.
4. Pressen Sie die Knie Richtung Boden in einer langsamen, dynamischen Bewegung

Welche Muskelgruppen beansprucht werden

Es wird vor allem die Oberschenkelinnenseite und der Beckenboden durch diese Übung gedehnt.

Gesäßheben in Rückenlage

Notwendige Trainingsgeräte

- Yogamatte

Ausführung der Übung

1. Nehmen Sie eine bequeme Liegeposition auf dem Rücken ein
2. Arme werden neben dem Körper platziert und sorgen für zusätzliche Stabilisation
3. Die Beine sind schulterbreit auseinander und werden auf dem Boden hochgestellt, die Fußsohle liegt vollkommen auf der Matratze auf und gibt einen guten Halt
4. Die komplette Körpermitte und das Gesäß werden angespannt und die Hüfte wird nach oben bewegt
5. Die Beinposition nimmt eine gerade Linie mit dem Oberkörper ein
6. Die Position sollte für etwa 10 Sekunden gehalten werden
7. Langsam die Hüfte nach unten bewegen und die Ausführung wiederholen

Welche Muskelgruppen beansprucht werden

Die Gesäßmuskulatur und die vollständige Körpermitte werden gekräftigt.

Gymnastikball Beckenwippen

Notwendige Trainingsgeräte

- Gymnastikball

Ausführung der Übung

1. Setzen Sie sich auf den Gymnastikball und stabilisieren Sie ihren Halt mit Ihren Füßen
2. Die Beine werden weit auseinandergespreizt
3. Stabilisieren Sie sich zusätzlich, indem Sie Ihre Hände auf den Oberschenkeln platzieren
4. Hüpfen sie sanft und locker mit dem Ball auf und ab
5. Führen Sie die Bewegung für etwa 10 Wiederholungen durch und machen Sie danach eine kurze Pause
6. Optional können Sie auch ihre Hüfte auf dem Ball kreisen lassen

Welche Muskelgruppen beansprucht werden

Die Beckenmuskulatur wird durch die Übung gekräftigt und der Damm und das Becken zusätzlich gedehnt. Auch die Durchblutung wird gefördert.

Katzenbuckel Beugung

Notwendige Trainingsgeräte

- Yogamatte

Ausführung der Übung

1. Platzieren Sie Ihre Hände und Füße in einem Vierfüßler Stand
2. Das Becken wird nach hinten gezogen und dadurch gebeugt, sodass Sie eine Katzenbuckel Haltung einnehmen
3. Diese Buckelposition wird für etwa 5 Sekunden gehalten
4. Das Becken wird wieder nach vorn geschoben und der Rücken von unten an in eine gerade Position gebracht.

Welche Muskelgruppen beansprucht werden

Mithilfe der Katzenbuckel Übung können Sie die Muskulatur im Bauchbereich kräftigen.

Ausgestreckte Armhaltung

Notwendige Trainingsgeräte

- Yogamatte

Ausführung der Übung

1. Setzen Sie sich mit ausgestreckten Beinen auf die Yogamatte
2. Führen Sie die Arme hinter den Körper und stützen Sie sich dadurch
3. Die Arme werden jetzt durchgestreckt, sodass der Oberkörper nach oben gehoben wird und zusammen mit den Beinen eine gerade Linie ergibt
4. Gesäß und die Körpermitte werden angespannt, um die Position zu festigen
5. Halten Sie die Position für etwa 10 Sekunden
6. Der Körper wird danach langsam und kontrolliert nach unten geführt

Welche Muskelgruppen beansprucht werden

Die Gesäßmuskulatur und die vollständige Körpermitte werden durch diese Übung gekräftigt.

Beckenboden Pressen

Notwendige Trainingsgeräte

- Yogamatte

Ausführung der Übung

1. Legen Sie sich in Rückenlage auf die Sportmatte bequem hin
2. Die Füße werden herangezogen und nach oben aufgestellt, sodass die Fußsohle vollständig aufliegt
3. Jetzt wird die Beckenbodenmuskulatur angespannt. Diese Muskelspannung tritt ebenso beim Anhalten beim Urinieren auf. Die Muskulatur im Dammbereich wird dadurch gereizt
4. Die Muskelspannung sollte für etwa 5 Sekunden gehalten werden

Welche Muskelgruppen beansprucht werden

Die tiefliegende Beckenbodenmuskulatur wird durch diese Übung gekräftigt.

Schneidersitz Brustpresse

Notwendige Trainingsgeräte

- Keine

Ausführung der Übung

1. Nehmen Sie den Schneidersitz auf den Boden ein
2. Die Hände werden vor dem Körper auf die Brusthöhe geführt
3. Die Handinnenflächen werden gegeneinandergedrückt und es baut sich Spannung in der Brustmuskulatur auf
4. Die Muskelspannung wird für 10 Sekunden gehalten

Welche Muskelgruppen beansprucht werden

Durch diese Übung wird die Brustmuskulatur auf schonende Weise gekräftigt.

Beinheben im Vierfüßler Stand

Notwendige Trainingsgeräte

- Yogamatte

Ausführung der Übung

1. Begeben Sie sich zunächst in die Vierfüßler Position auf der Yogamatte
2. Die Arme positionieren Sie etwa schulterbreit und die Knie zeigen leicht nach außen
3. Stabilisieren Sie Ihren Halt und heben Sie ein Bein nach oben
4. Das Bein bildet gemeinsam mit dem Rücken eine gerade Linie und ist parallel zum Boden positioniert
5. Fortgeschrittene können ebenfalls den gegenüberliegenden Arm mit anheben
6. Die Position wird für 10 Sekunden gehalten
7. Anschließend wird das Bein nach unten bewegt und das andere Bein angehoben

Welche Muskelgruppen beansprucht werden

Die Gesäßmuskulatur und der untere Rücken werden durch diese Übung trainiert.

Spagat Dehnung

Notwendige Trainingsgeräte

- Keine

Ausführung der Übung

1. Setzen Sie sich bequem auf den Boden
2. Die Beine werden soweit wie möglich auseinandergespreizt
3. Die Beine sollten dabei auf dem Boden richtig aufliegen und die Füße sind nach oben gezogen
4. Der Körper wird nach rechts gebeugt und sie versuchen Ihre Fußsohle mit der rechten Hand zu umfassen
5. Auch der linke Arm wird nach rechts gestreckt
6. Verweilen Sie kurz in dieser Haltung und wechseln sie sich mit der anderen Seite danach ab
7. Sie können die Arme ebenfalls vor dem Körper geradeaus strecken, um sich in einer anderen Richtung zu dehnen

Welche Muskelgruppen beansprucht werden

Durch diese Übung können Sie die Muskeln in den Beinen stretchen und ebenfalls die Rückenmuskulatur dehnen.

Aktive Wirbelsäulenentlastung

Notwendige Trainingsgeräte

- Yogamatte
- Gymnastikball

Ausführung der Übung

1. Nehmen Sie eine Liegeposition auf dem Rücken ein
2. Der Gymnastikball liegt vor Ihren Körper und Sie heben die Füße auf den Ball an
3. Versuchen Sie einen 90 Grad Winkel zwischen Ober- und Unterschenkeln ungefähr herzustellen
4. Sie können den Ball leicht nach vorn und unten wippen
5. Verweilen Sie in dieser Position etwa für 1 Minute

Welche Muskelgruppen beansprucht werden

Mithilfe dieser Übung können Sie die Rückenmuskulatur auskneten und die Last von den Bandscheiben nehmen.

Der Übungsplan für die Schwangerschaft

Dieser Trainingsplan sollte 3 Mal in der Woche ausgeführt werden, um sich richtig auf die Schwangerschaft vorzubereiten.

Übungsname	Wiederholungen	Funktion
Schneidersitz Dehnung	10 Wiederholungen dynamisch ausführen, danach Pause. 3 Durchgänge.	Dehnung Oberschenkelinnenseite, Beckenboden
Schneidersitz Brustpresse	Die Position für 10 Sekunden halten, dann für 10 Sekunden entspannen. 10 Durchgänge.	Stärkung Brustmuskulatur
Gesäßheben in Rückenlage	Gehobene Position wird für 5 Sekunden gehalten. 10 Durchgänge.	Stärkung Gesäß, Bauch, Rückenmuskulatur
Gymnastikball Beckenwippen	Es wird jeweils 10 Mal gewippt und danach kurz pausiert. 10 Durchgänge	Kräftigung Beckenboden
Katzenbuckel Beugung	Buckelhaltung für 5 Sekunden jeweils einnehmen. 10 Durchgänge	Stärkung Unterleib Muskeln

Ausgestreckte Armhaltung	10 Sekunden ausgestreckt halten. 8 Durchgänge	Stärkung Arme, Gesäß, Bauch, Rücken
Beckenboden Pressen	5 Sekunden Muskelspannung 12 Durchgänge	Stärkung der tiefen Beckenbodenmuskulatur
Spagat Dehnung	Jede Seite wird für 3 Sekunden gehalten. Pro Seite 10 Durchgänge.	Dehnung der Beine
Beinheben im Vierfüßler Stand	Jede Seite wird für 3 Sekunden gehalten. Pro Seite 8 Durchgänge.	Stärkung Gesäß, unterer Rücken
Aktive Wirbelsäulenentlastung	Position halten zum Abschluss für 3 Minuten.	Entlastung Rücken

Alternative Sportarten zur Erhaltung der Fitness

Neben den empfohlenen Trainingsplan gibt es noch weitere tolle Möglichkeiten, um sich in der Schwangerschaft fit zu halten. Sie werden überrascht sein, welche Optionen Ihnen zur Verfügung stehen.

Lauftraining als Schwangere

Auch Joggen kann in der Schwangerschaft problemlos durchgeführt werden, wenn man das Training richtig anpasst. Wichtig ist, dass Sie sich zuvor mit dem Arzt absprechen und Rücksprache halten. Ist Ihr Doktor damit einverstanden, können Sie mit dem Laufen starten. Sie sollten dabei nur vermeiden auf unebenen oder rutschigen Boden zu trainieren. In den letzten Schwangerschaftswochen sollten Sie dann eher auf Walking umsteigen.

Schwimmen als Schwangere

Aquatraining ist gelenkschonend und entspannt den Körper. Es stellt außerdem eine spaßige Möglichkeit dar, um den Körper zu trainieren.

Pilates als Schwangere

Die Anwendung von Pilates Übungen hilft bei der Kräftigung der Muskulatur und stellt kein überanstrengendes Training dar. Eine Sache ist jedoch wichtig: Verzichte auf Übungen, welche die mittlere

Bauchmuskulatur zu stark beansprucht. Diese Belastung wirkt sich ungünstig auf den Unterleib aus und kann zu Verkürzungen der Bauchdecke führen.

Yoga als Schwangere

Durch die Anwendung von Yoga Übungen lässt sich die Rückenmuskulatur zuverlässig stärken und auch die Haltung verbessern. Auch die Beckenbodenmuskulatur wird gekräftigt und der Unterkörper gedehnt. Es gibt sogar spezielle Yogakurse für Schwangere, die Sie durchführen können.

Radfahren als Schwangere

Radeln schadet auch in der Schwangerschaft nicht, da es eine gelenkschonende Sportart ist. Solange man die Radtouren nicht auf unebenen Boden durchführt, kann ein Training auf dem Fahrrad problemlos durchgeführt werden.

Tanzen als Schwangere

Sie können in der Schwangerschaft ebenfalls an lockeren Tanzkursen teilnehmen und Ihre Hüften in Schwung bringen. Solange die Tanzeinheiten keine Sprünge oder Verrenkungen von Ihnen abverlangen, kann Tanzen einwandfrei ausgeführt werden.

Rezepte für die Schwangerschaft

Köstliche Speisen für zukünftige Mütter und frisch gebackene Mamas

Damit Sie die Schwangerschaft optimal meistern können, benötigen Sie dafür die richtigen Rezepte. Ich möchte Ihnen in dem folgenden Kapiteln, meine persönlichen Rezeptfavoriten vorstellen, die Sie in der Schwangerschaft und Stillzeit selbst ausprobieren können.

Die Rezeptvorschläge enthalten neben der Zutatenliste und den Hinweisen zur Zubereitung, ebenfalls hilfreiche Nährwertangaben über die jeweilige Mahlzeit. Möchten Sie Ihre Ernährung genau überprüfen, werden Ihnen diese Hinweise sicherlich enorm weiterhelfen können.

Ich wünsche Ihnen nun viel Spaß beim Nachkochen und Austesten der folgenden Rezeptideen!

Das perfekte Frühstück

Damit der Kickstart in den Morgen richtig gelingt!

Traumhafter Bananenjoghurt für den langsamen Tagesbeginn

Eine leckere, kalorienarme Joghurtspeise für den frühen Morgen. Genießen Sie die Speise zusammen mit dem Sonnenaufgang und starten Sie stressfrei in den Tag.

Geschätzte Zeit für die Zubereitung: 10 Minuten

Die Zutatenliste (für 1 Portion)

- 100 ml Vollmilch (3,5 % Fett)
- 40 g Haferflocken
- ½ kleine reife Banane (ca. 50 g)
- ½ Orange
- 60 g Joghurt (3,5 % Fett)

Die Zubereitung

1. Zuerst geben Sie die Vollmilch zusammen mit den Haferflocken in einen Kochtopf und verrühren die Zutaten ein wenig. Anschließend erhitzen sie die Masse für etwa 2 Minuten bis die Zutaten eine dickflüssige Masse zusammen ergeben.
2. Verkleinern Sie die Banane auf einem Teller und nutzen Sie eine Gabel um die Frucht in einen feinen Brei zu verwandeln.
3. Pressen Sie die Orange aus und füllen Sie den Saft in einen kleinen Gefäß ab. Jetzt nehmen Sie 2 Esslöffel vom Orangensaft und geben ihn zum Bananenmus mit hinzu.
4. Zum Schluss fügen Sie die Bananen-Apfelmus Paste zum Haferbrei hinzu und ergänzen den Brei mit dem Joghurt. Kurz verrühren und schon haben Sie einen traumhaften Bananenjoghurt selbstgemacht. Guten Appetit!

Nährwertangaben pro Portion:

Proteine: 8 g, Fett: 5 g, Kohlenhydrate: 32 g, Kalorien: 218 kcal

+ + + Kalzium, Zink, Magnesium

„Guten Morgen“ Kokos-Mango Überraschung

Ein fruchtig-süßes Geschmackserlebnis für den erfolgreichen Start in den Tag. Die Kokosflocken passen hervorragend zu diesem köstlichen Joghurt dazu.

Geschätzte Zeit für die Zubereitung: 20 Minuten

Die Zutatenliste (für 2 Portionen)

- 50 g Haferflocken
- 30 g Kokosraspeln
- 1 reife Mango (entspricht in etwa 400 g)
- ½ Orange
- 250 g Joghurt (Vollfett Stufe)

Die Zubereitung

1. Zuallererst nehmen Sie sich eine geeignete, beschichtete Pfanne zur Hand und geben die Haferflocken mit den Kokosraspeln in die Pfanne. Jetzt erhitzen Sie die Zutaten für etwa 2-3 Minuten und lassen die Mischung ein wenig anrösten. Sie müssen kein Fett hinzufügen. Die angeröstete Menge geben Sie anschließend auf einen Teller und lassen sie erstmal abkühlen.
2. Nehmen Sie die Mango und stückeln Sie die Frucht in kleine Würfel.
3. Stellen Sie sich den Joghurt bereit und füllen Sie ihn in ein passendes Glasbehältnis. Die Orange wird nun ausgepresst und der entstehende Fruchtsaft wird zum Joghurt hinzugegeben.
4. Zum Schluss werden die die angerösteten Flocken und Kokosraspeln zum Joghurt hinzugefügt und alle Zutaten werden miteinander vermischt. Jetzt kann die Guten Morgen Überraschung genossen werden!

Nährwertangaben pro Portion:

Proteine: 10 g, Fett: 12 g, Kohlenhydrate: 59 g, Kalorien: 392 kcal

+ + + Vitamin C, Kalzium, Zink

Grandioses Kaiserschmarrn Beeren Allerlei

Gönnen Sie sich diese Kaiserschmarrn Mahlzeit für ein rundum köstliches, gesundes Geschmackserlebnis. Sie werden vom fruchtigen Aroma der Beeren und den locker-flockigen Kaiserschmarrn garantiert begeistert sein!

Geschätzte Zeit für die Zubereitung: 40 Minuten

Die Zutatenliste (für 2 Portionen)

- 2 Eier
- 1 ½ EL Zucker
- 1 Prise Salz
- 125 g Heidelbeere
- 125 ml Vollmilch
- 40 g Mehl
- 40 g Haferflocken
- 2 TL Kokosöl
- 1 TL Butter
- 1 TL Puderzucker

Die Zubereitung

1. Trennen Sie die Eier voneinander und füllen Sie das Eigelb in eine geeignete Schüssel um und fangen Sie das Eiweiß in einem anderen Gefäß auf. Fügen Sie ebenfalls das Salz und den Zucker zum Gefäß hinzu. Die Mischung wird nun mithilfe eines Mixers ordentlich verquirlt und im Kühlschrank vorrübergehend gelagert.
2. Waschen Sie die Heidelbeeren gründlich mit Wasser und geben Sie die Beeren in ein Sieb. Lassen Sie die restliche Flüssigkeit abtropfen und trocken Sie die Früchte ordentlich ab.
3. Den Puderzucker, die Milch, das Mehl und die Haferflocken zusammen in eine Schüssel geben und gründlich miteinander verrühren. Den daraus entstandenen Teig für etwa 15 Minuten Zeit geben zum Aufquellen.
4. Das verquirlte Eiweiß unter den Tag mit einem geeigneten Kochlöffel heben.
5. Geben Sie 1 Teelöffel vom Kokosöl in eine Pfanne und lassen sie das Fett schmelzen bei mittlerer Hitze. Anschließend wird die Teigmischung in die Pfanne hinzugegeben zusammen mit etwa 80

Gramm der Heidelbeeren. Lassen Sie den Teig für rund 4 Minuten auf einer Seite knusprig anbacken.

6. Sobald die Unterseite fest geworden ist, können sie den Pfannkuchen wenden und das restliche Kokosöl hinzugeben. Jetzt für 1-2 weitere Minuten die andere Seite erhitzen.
7. Verwenden Sie 2 Kochlöffel um den Pfannkuchen in kleine Stücke zu teilen, damit ein ordentlicher Kaiserschmarrn entstehen kann. Geben Sie jetzt auch die Butter in die Pfanne hinzu und lassen sie den Schmarrn für 2 weitere Minuten in der Pfanne erwärmen.
8. Die köstliche Speise auf einen Teller servieren, mit den restlichen Heidelbeeren und ausschmücken und noch ein wenig Puderzucker darüberstreuen. Fertig ist Ihre traumhafte Kaiserschmarrn Mahlzeit!

Nährwertangaben pro Portion:

Proteine: 15 g, Fett: 14 g, Kohlenhydrate: 51 g, Kalorien: 400 kcal

+ + + Vitamin C, Folsäure, Kalzium, Magnesium, Kupfer

Tipp: Sie können den Zucker auch mit natürlichen Zuckerersatzstoffen wie zum Beispiel Stevia oder Erythrit austauschen. Anstatt Weizenmehl auszuwählen, sollten Sie lieber zu Vollkornmehl greifen.

Snacks

für den Heißhunger zwischendurch

Köstliche Quittenschnitten Happen

Geht Ihnen über den Tag einmal die Energie aus, können Sie zu diesen leckeren Schnitten greifen und sich mit ordentlich Kraft wieder versorgen. Die Schnitten bieten eine tolle Alternative zu herkömmlichen Gebäcken, die oftmals ungesundes Weißmehl enthalten. Der Snack kann schnell aufbereitet werden und lässt sich überall mithinnehmen!

Geschätzte Zeit für die Zubereitung: 10 Minuten

Die Zutatenliste (für 15 Schnitten Portionen)

- 3 Vollkorn-Zwiebacke
- 150 g Kürbiskerne
- 25 g Hirse
- 1 halbe Limette
- 1 halbe Vanilleschote
- 1 große Portion Quitten (etwa 300 g)
- 3 Eier
- 60 g Vollrohrzucker oder alternativ Stevia/Erythrit
- 50 ml Milch (3,5 % Fett)
- 1 EL Ahornsirup oder Honig

Die Zubereitung

1. Zerkleinern Sie die Vollkorn Zwieback Stücke in winzige Teile und geben Sie diese gemeinsam mit den Kürbiskernen und der Hirse in einen Mixer. Jetzt für 10 – 20 Sekunden zermahlen lassen.
2. Die Limette wird ausgepresst und der Fruchtsaft in einem passenden Gefäß aufgesammelt.
3. Teilen Sie die Vanilleschote in 2 Hälften und kratzen Sie die Vanille Essenz aus der Schote heraus.
4. Die Quitten gründlich mit sauberen Wasser abspülen, abtrocknen und anschließend mit einer Reibe in kleine Stücke

teilen. Mischen Sie die zerkleinerten Quittenstücke zusammen mit dem Limettensaft.

5. Trennen Sie die Eier und geben sie die Teile in 2 unterschiedliche Schüsseln. Das Eiweiß wird gemeinsam mit etwa 2 Esslöffeln kalten Wasser mit einem Handrührgerät verquirlt bis eine schaumige Masse entsteht. Geben Sie den Zucker/Süßstoff zu der Masse hinzu und vermischen Sie die beiden Zutaten miteinander
6. Jetzt rühren Sie das Eigelb in die Paste mit hinzu und vermixen den Brei gründlich.
7. Die vorbereitete Zwiebackmischung wird gemeinsam mit dem Quitten-Limettensaft und dem Vanilleextrakt zu der Eimasse hinzugegeben und miteinander vermischt.
8. Bereiten Sie ein Backblech mit geeigneten Backpapier vor und nehmen Sie sich einen Spachtel um ein wenig Wasser auf dem Papier zu verteilen. Dadurch werden die Quittenschnitten später nicht auf dem Bleck kleben. Verwenden Sie denselben Spachtel um die zubereitete Teigmasse auf dem Backblech gleichmäßig zu verteilen.
9. In einem vorgeheizten Backofen bei Ober- und Unterhitze Temperaturen von 200 Grad für etwa 20-25 Minuten den Teig backen lassen. (Umluft 180 Grad)
10. Nehmen Sie sich zum Schluss die Milch und den Ahornsirup und mischen Sie daraus einen süßen Zusatz. Diese Flüssigkeit wird auf dem noch warmen Quittengebäck verteilt. Jetzt kann das Gebäck in kleine Stücken geschnitten werden. Guten Appetit bei den köstlichen Quitten Happen!

Nährwertangaben pro Portion:

Proteine: 4 g, Fett: 5 g, Kohlenhydrate: 9 g, Kalorien: 108 kcal

+ + + Kalzium, Kalium, Zink, Magnesium, Fluor

Verführerische Himbeeren Waffelherzchen

Die folgende Rezeptidee wird Sie völlig um den Verstand bringen, wenn Sie diese Waffelherzchen einmal zubereitet haben. Sie benötigen zum Anrichten lediglich ein Waffeleisen und schon können Sie sich ein wahres Küchenwunder anrichten!

Geschätzte Zeit für die Zubereitung: 90 Minuten

Die Zutatenliste (für 20 Waffel Portionen)

- 300 g tiefgefrorene Himbeeren
- 50 g cremiger Honig/Ahornsirup
- 2 Eier
- 75 ml Vollmilch
- 125 g Weizen-Vollkornmehl
- 1 halben TL Backpulver
- 2 Blätter weiße Gelatine
- 250 g Ricotta
- 3 EL Puderzucker oder alternativ Stevia/Erythrit
- 1 EL Butter
- 30 g Bitterschokolade Stücke (Mindestens 80% Kakaoanteil)

Die Zubereitung

1. Die tiefgekühlten Beeren für 20 – 30 Minuten auftauen lassen oder für etwa 1,5 Minuten in der Mikrowelle kurz erwärmen.
2. Geben Sie die Eier zusammen mit dem Honig/Ahornsirup in ein passendes Gefäß und mixen Sie die Zutaten mit einem Handrührgerät kräftig durch. Es sollte eine cremige, weiße Masse dadurch entstehen.
3. Geben Sie zur Masse die Vollmilch hinzu, rühren Sie den Mehl und das Backpulver unter und verquirlen Sie den Brei weiterhin ganz gründlich. Haben Sie den Brei gut verrührt, stellen Sie die Waffel Teigmasse erstmal beiseite.

4. Die Gelatine mischen Sie mit einem Spritzer kalten Wasser zusammen (etwa 2 Esslöffel) und lassen Sie diese erstmal einweichen. Die Ricotta wird mit dem Puderzucker (oder einem natürlichen Süßstoff) in einer separaten Schüssel verrührt bis eine cremige Masse dabei entsteht.
5. Jetzt nehmen Sie sich die frischen Himbeeren und geben Sie in ein feines Sieb hinzu. Mithilfe einer passenden Kelle können Sie die Beeren auspressen und den Fruchtsaft in einem Gefäß sammeln
6. Die eingeweichte Gelatine in einen Kochtopf hinzugeben und bei mittleren Temperaturen erhitzen bis sie sich aufgelöst hat. Nun wird dazu auch das Himbeermark hinzugegeben. Nehmen Sie die Mischung von der Heizplatte und geben Sie die cremige Ricotta Masse zum Brei hinzu. Für 10 Minuten im Kühlschrank lagern und abkühlen lassen.
7. Bereiten Sie ein Waffeleisen vor und geben Sie ein wenig Butter in das heiße Eisen. Dadurch sind die Waffeln später leichter abzulösen.
8. Die Waffel Teigmasse wird in das erhitzte Eisen gegeben und für etwa 3-4 Minuten erhitzt. Die entstandenen Waffeln für etwa 10 Minuten stehen lassen.
9. Die Waffeln in kleine Stücke mit der Hand teilen oder schneiden. Ein Spachtel zur Hand nehmen und die Ricotta Himbeer Creme aus dem Kühlschrank sorgfältig auf den Waffel Stücken verstreichen.
10. Zum Abschluss die Bitterschokolade Stücken auf die köstlichen Gebäcke legen. Voila – Guten Appetit bei diesem Festschmaus!

Nährwertangaben pro Portion:

Proteine: 3 g, Fett: 4 g, Kohlenhydrate: 8 g, Kalorien: 82 kcal

+ + + Vitamin C, Eisen, Folsäure, Kupfer, Kalium

Kunterbunte Beerenmischung

Geschätzte Zeit für die Zubereitung: 40 Minuten

Die Zutatenliste (für 2 Portionen)

- Halbes Stück Ingwer
- Hälfte einer kleinen Limette
- 50 g kleine Erdbeeren
- 50 g Blaubeeren
- 50 g rote Johannisbeeren
- flüssiger Süßstoff nach Belieben
- 0,5 l Mineralwasser

Die Zubereitung

1. Ingwerschale abreiben und den Ingwer in kleine Teile schneiden
2. Die Ingwerstücke durch eine geeignete Presse geben (z.B. Knoblauchpresse)
3. Zerteilen Sie die Limetten in 2 Hälften, pressen Sie die Früchte aus und füllen sie den Saft in ein Gefäß ab
4. Die Erdbeeren gründlich reinigen und halbieren
5. Blaubeeren ebenfalls säubern und trockentupfen
6. Die Johannisbeeren mit Wasser abwaschen, abtrocknen und vom Stängelansatz befreien
7. Alle Zutaten miteinander vermischen, Mineralwasser hinzugeben und gegebenenfalls mit Süßstoff verfeinern

Nährwertangaben pro Portion:

Proteine: 1 g, Fett: 0 g, Kohlenhydrate: 7 g, Kalorien: 38 kcal

+ + + Vitamin C, Magnesium, Eisen

Melonentrink mit Gurkenzusatz

Geschätzte Zeit für die Zubereitung: 10 Minuten

Die Zutatenliste (für 2 Portionen)

- 1 Salatgurke
- 1 Halbe Cantaloupe-Melone
- 4 Kumquats

Die Zubereitung

1. Reinigen Sie die Salatgurke mit heißen Wasser, halbieren Sie diese in 2 Hälften und schneiden Sie in kleine Stücke
2. Nutzen Sie einen Löffel um die Kerne im Inneren der Melone zu entfernen, zerteilen sie das Melonenfruchtfleisch in kleine Stücke und lösen sie das Fruchtfleisch aus der Schale. Jetzt in kleine Würfel zerschneiden
3. Kumquats säuern und 1 Frucht davon in dünne Scheibchen schneiden
4. Den Rest der Kumquats gemeinsame mit der Gurke und der Melone in einen Standmixer geben und pürieren. Den Fruchtsaft in ein Behältnis füllen und mit den Kumquat Scheiben schmücken.

Nährwertangaben pro Portion:

Proteine: 3 g, Fett: 0 g, Kohlenhydrat: 19 g, Kalorien: 94 kcal

+ + + Kalium, Vitamin C, Folsäure

Apfel-Nuss Milkshake

Geschätzte Zeit für die Zubereitung: 10 Minuten

Die Zutatenliste (für 2 Portionen)

- 30 g Macadamianüsse (etwa 2 EL)
- 200 ml Dickmilch (1,5 %)
- 200 ml naturtrüber Apfelsaft
- 2 EL Grenadinesirup

Die Zubereitung

1. Geben Sie die Macadamianüsse zusammen mit etwa 50 ml Milch in einen Mixer und pürieren Sie die Zutaten gründlich.
2. Der Rest der Dickmilch wird mit dem Apfelsaft vermischt und dem Trink mithinzugefügt. Eiswürfel hinzugeben. Mit einem Stabmixer die Zutaten zur Creme pürieren.
3. Die Flüssigkeit abfüllen und in 2 Gläser geben. Pro Glas 1 Esslöffel Sirup nutzen.

Nährwertangaben pro Portion:

Proteine: 5 g, Fett: 13 g, Kohlenhydrate: 22 g, Kalorien: 230 kcal

+ + + Folsäure, Kalium, Magnesium

Grüner Asia Kohl Schmaus

Geschätzte Zeit für die Zubereitung: 25 Minuten

Die Zutatenliste (für 4 Portionen)

- 1 rote Chilischote
- 2 Zwiebeln
- 1 Knoblauchzehe
- 500 g Grünkohl
- 1 EL Rapsöl
- 1 Halbe Limette
- 1 TL Sojasauce

Die Zubereitung

1. Die Chillischote wird halbiert, entkernt und in grobe Stücke zerhackt.
2. Die Zwiebeln werden in feine Würfel zerteilt und der Knoblauch durch eine Knoblauchpresse zerkleinert.
3. Grünkohlblätter vom Stiel entfernen.
4. Pfanne erhitzen, das Rapsöl hinzufügen und überall verteilen.
5. Chilli, Knoblauch und Zwiebeln werden dazugegeben und kurz angebraten.
6. Die Grünkohlblätter mit heißen Wasser abwaschen, kurz abschütteln und dann nass in die Pfanne hinzufügen. Alle Zutaten für etwa 5 Minuten erhitzen.
7. Die Limette wird in einer Saftpresse ausgepresst und etwa 2 Teelöffel vom Saft werden mit 1 Teelöffel Sojasauce zur Pfannenmischung gegeben.
8. Die Mahlzeit mit Salz und Pfeffer verfeinern.

Nährwertangaben pro Portion:

Proteine: 4 g, Fett: 3 g, Kohlenhydrate: 3 g, Kalorien: 62 kcal

+ + + Kalium, Kalzium, Vitamin E

Grüner Fruchtsalat

Geschätzte Zeit für die Zubereitung: 35 Minuten

Die Zutatenliste (für 4 Portionen)

- 150 ml Orangensaft
- 1 EL Dijonsenf
- 2 EL Balsamessig
- 100 g Himbeeren
- 4 EL kalt gepresstes Rapsöl
- 1 kleiner Römersalat (ca. 175 g)
- 1 kleiner Radicchio (ca. 150 g)

Die Zubereitung

1. Der Orangensaft wird in einen Kochtopf gegeben und so lange erhitzt, bis nur noch 50 ml des Safts verbleiben.
2. Der entstandene Saft wird gemeinsam mit dem Senf, einer Prise Salz und mit Pfeffer verrührt. Die Himbeeren in den Topf hinzufügen und andrücken. Wenige Beeren zur Seite legen als Dekoration für später.
3. Alle Zutaten vermixen und Rapsöl hinzugeben.
4. Den Römersalat und die Radicchio gründlich abwaschen und in kleine Stückchen schneiden. Jetzt in einem passenden Gefäß mit der Sauce vermischen.
5. Die restlichen Himbeeren hinzufügen.

Nährwertangaben pro Portion:

Proteine: 1 g, Fett: 10 g, Kohlenhydrate: 6 g, Kalorien: 128 kcal

+ + + Kalium, Vitamin C, Folsäure

Smoothies

Verführerische Shakes für den puren Genuss

Flüssige Mango-Bananen Fruchtsensation

Sie werden sich in diesen leckeren Fruchtshake garantiert verlieben! Er ist schnell zubereitet, erfordert kaum Aufwand und ist auch noch unglaublich erfrischend. Was will man mehr?

Geschätzte Zeit für die Zubereitung: 10 Minuten

Die Zutatenliste (für 2 Portionen)

- 5 frische Orangen
- 1 reife Mango
- 1 ganze, reife Banane
- 150 g Joghurt (3,5 % Fett)

Die Zubereitung

1. Die frischen Saftorangen werden in 2 Hälften geteilt und in einer passenden Saftpresse ausgequetscht. Der Fruchtsaft wird in einem Glas aufgesammelt.
2. Schälen Sie die Mango in kleine Würfelstückchen
3. Die Banane wird in kleine Teile zerhackt und zusammen mit allen restlichen Zutaten in einen Standmixer gegeben. Alles miteinander fein pürieren. Und schon können Sie die gesunde und erfrischende Fruchtsensation genießen!

Nährwertangaben pro Portion:

Proteine: 6 g, Fett: 1 g, Kohlenhydrate: 42 g, Kalorien: 218 kcal

+ + + Vitamin E, Vitamin C, Kalzium

Das orangene Fruchtwunder

Ein natürlicher Energie Booster, der auch noch ausgezeichnet schmeckt. Das abwechslungsreiche Geschmacksaroma dieses Obst & Gemüse Shakes wird Sie garantiert überzeugen.

Geschätzte Zeit für die Zubereitung: 5 Minuten

Die Zutatenliste

- 2 Orangen
- 1 kleine Grapefruit
- 200 ml Möhrensaft
- 80 g Quark (Vollfettstufe)
- 1 TL Rapsöl

Die Zubereitung

1. Die Orangen und Grapefruits werden halbiert und in eine Fruchtpresse gegeben. Der Fruchtsaft wird in einem Gefäß gesammelt.
2. Den Obstsaft zusammen mit den restlichen Zutaten in einen Standmixer geben und für etwa 30 Sekunden gründlich durchführen. Jetzt kann das orangene Fruchtwunder genossen werden!

Nährwertangaben pro Portion:

Proteine: 8 g, Fett: 6 g, Kohlenhydrate: 15 g, Kalorien: 151 kcal

+ + + Vitamin C, Beta-Carotin

Erdbeergenuss zum Schlürfen

Eine traumhafte Erdbeerspeise, die Sie blitzschnell zubereiten können für den schnellen Genuss. Eine wahre Gaumenfreude, die ausschließlich aus gesunden Zutaten besteht und dadurch sich für die Schwangerschaft und Stillzeit bestens eignet.

Geschätzte Zeit für die Zubereitung: 10 Minuten

Die Zutatenliste (für 1 Portion)

- 10 reife Erdbeeren
- 50 g Joghurt (3,5 % Fett)
- 150 ml Vollmilch
- ½ TL Vanillezucker oder alternativ etwas Stevie/Erythrit
- 30 g Haferflocken

Die Zubereitung

1. Die Erdbeeren gründlich mit sauberen Wasser abspülen und waschen. Abtrocknen und anschließend in kleine Teile schneiden.
2. Jetzt werden die Erdbeeren zusammen mit dem Joghurt, der Vollmilch, den Zucker und den Haferflocken in einen geeigneten Standmixer gegeben und für etwa 30 Sekunden püriert.
3. Und schon ist Ihr Erdbeergenuss fertig angerichtet. Guten Appetit!

Nährwertangaben pro Portion:

Proteine: 9 g, Fett: 4 g, Kohlenhydrate: 30 g, Kalorien: 209 kcal

+ + + Vitamin C, Vitamin K, Folsäure, Vitamin B1, Biotin

Granatapfel-Cranberry Shake

Geschätzte Zeit für die Zubereitung: 10 Minuten

Die Zutatenliste (für 2 Portionen)

- 1 Granatapfel
- 100 g Cranberry
- 150 g Joghurt (1,5 % Fett)
- flüssiger Süßstoff nach Belieben
- 250 ml Milch (1,5 % Fett)

Die Zubereitung

1. An der Oberseite des Granatapfels ein viereckiges Stück herausschneiden
2. Den Apfel über einer Schüssel auseinanderbrechen und die Kerne abfallen lassen
3. Stellen Sie etwa 1 Esslöffel der Kerne zur Seite. Die restlichen Kerne gemeinsam mit der Cranberry und dem Joghurt in einen Standmixer geben und alle Zutaten gründlich pürieren.
4. Den Fruchtsaft nach Belieben etwas Süßstoff hinzufügen, die Milch zum Saft gießen und mit einem Löffel verrühren.
5. Den Shake in 2 Gläsern servieren und mit den restlichen Granatapfelkernen schmücken.

Nährwertangaben pro Portion:

Proteine: 7 g, Fett: 4 g, Kohlenhydrate: 19 g, Kalorien: 152 kcal

+ + + Vitamin C, Magnesium, Kalium

Avocado-Wasabi Limonade

Geschätzte Zeit für die Zubereitung: 15 Minuten

Die Zutatenliste (für 3 Portionen)

- 1 halber Bund Koriander
- 1 Halbe Frühlingszwiebel
- 1 Avocado
- 1 Halbe Limette
- 1 halber TL Wasabi-Paste
- 250 ml Kefir
- 225 g Joghurt (0,3 % Fett)
- Eiswürfel

Die Zubereitung

1. Den Koriander gründlich reinigen und die Blättchen ablösen.
2. Die Zwiebel wird ebenfalls gesäubert und in dünne Scheiben geschnitten
3. Die Avocado wird in 2 Hälften geteilt und der Kern wird entfernt. Nehmen Sie einen Löffel um das Fruchtfleisch der Avocado von der Schale zu entfernen.
4. Das Avocado Fruchtfleisch wird zusammen mit dem Koriander und den Zwiebelstücken in einen Mixer gegeben und alle Zutaten werden gründlich püriert.
5. Den Limettensaft durch eine Saftpresse gewinnen und davon 3 Esslöffel in den Mixer hinzufügen. Ebenfalls die Wasabi Paste und den Joghurt zum Avocado Mix geben.
6. Alle Zutaten im Standmixer pürieren. Während dem Mixvorgang einige Eiswürfel zum Shake geben.
7. In geeignete Gläser abfüllen und mit Salz und Pfeffer verfeinern.

Nährwertangaben pro Portion:

Proteine: 7 g, Fett: 11 g, Kohlenhydrate: 7 g, Kalorien: 172 kcal

+ + + Kalium, Kalzium, Magnesium

Radieschen-Kresse Vitalstoffturbo

Geschätzte Zeit für die Zubereitung: 10 Minuten

Die Zutatenliste (für 2 Portionen)

- 1 kleine Zitrone
- 1 halbes Beet Gartenkresse
- 1 Bund Radieschen
- 300 ml Buttermilch
- 1 TL Paprikapulver
- flüssiger Süßstoff nach Belieben
- Eiswürfel

Die Zubereitung

1. Zitronensaft mithilfe einer Saftpresse ausdrücken. 1 Esslöffel in hohes Gefäß geben.
2. Die Gartenkress wird vom Beet abgeschnitten.
3. Radieschen mit heißen Wasser gründlich säubern und abtrocknen. In kleine Stücke schneiden.
4. Der Zitronensaft, die Radieschen, die Milch und der Teelöffel Paprikapulver werden in einem hohen Gefäß vermischt. Eine Prise Salz wird hinzugegeben.
5. Standmixer verwenden um alle Zutaten gründlich zu pürieren. Bei Bedarf kann der Shake Süßungsmittel verfeinert werden.
6. Den Trunk in 2 Gläsern servieren und Eiswürfel als Abkühlung beifügen.

Nährwertangaben pro Portion:

Proteine: 6 g, Fett: 1 g, Kohlenhydrate: 10 g, Kalorien: 75 kcal

+ + + Kalium, Kalzium, Folsäure

Soja-Himbeeren Mus Smoothie

Geschätzte Zeit für die Zubereitung: 10 Minuten

Die Zutatenliste (für 2 Portionen)

- 250 g Himbeeren
- 1,5 EL flüssiger Honig
- 2 EL zarte Haferflocken (ca. 15 g)
- 100 g griechischer Sahnejoghurt
- 300 ml Soja-Milch
- Zimt

Die Zubereitung

1. Die Beeren gründlich abspülen und gemeinsam mit Honig, Haferflocken, Joghurt und der Soja Milch in eine große Schüssel geben.
2. Nehmen Sie sich einen Stabmixer und pürieren Sie alle Zutaten gründlich durch. Das entstandene Mus in 2 Gläser geben und bei Bedarf mit einer Prise Zimt verfeinern.

Nährwertangaben pro Portion:

Proteine: 9 g, Fett: 9g, Kohlenhydrate: 20 g, Kalorien: 210 kcal

+ + + Vitamin C, Folsäure, Magnesium

Gepanschter Ananas-Papaya Trunk

Geschätzte Zeit für die Zubereitung: 20 Minuten

Die Zutatenliste (für 2 Portionen)

- 4 EL Kokoschips
- 1 halbe Ananas
- 2 kleine Papaya
- 1 Limette
- 500 g Sojajoghurt
- 400 ml Kokoswasser
- Eiswürfel

Die Zubereitung

1. Die Kokoschips werden in einer Pfanne bei mittlerer Hitze angeröstet ohne Zugabe von Fett. Wenn Sie eine braune Farbe annehmen, auf einen Teller geben zum Abkühlen.
2. Schälen Sie die Ananas und lösen Sie das Fruchtfleisch heraus. Die Ananas jetzt in kleine Würfel zerstückeln.
3. Teilen Sie die Papaya in 2 Hälften und entfernen sie die Papaya Kerne aus dem Inneren mit einem Löffel. Die Frucht in Würfel zerschneiden.
4. Mit einer Saftpresse die Limette ausdrücken und 2 Teelöffel vom Saft in ein Gefäß geben.
5. Die Ananas- und Papaya Stücken in das Gefäß geben, den Sojajoghurt und das Kokoswasser ebenfalls hinzufügen und zusammen mit einigen Eiswürfeln mit einem Stabmixer gründlich pürieren.
6. Den Trunk in 2 Gläser abfüllen und mit den Kokosflocken dekorieren.

Nährwertangaben pro Portion:

Proteine: 7 g, Fett: 8g, Kohlenhydrate: 20 g, Kalorien: 198 kcal

+ + + Vitamin C, Kalium, Magnesium

Weißer Tee Fruchtgebräu

Geschätzte Zeit für die Zubereitung: 40 Minuten

Die Zutatenliste (für 2 Portionen)

- 2 Beutel weißer Tee
- 2 kleine Cherimoya
- 100 g Joghurt
- nach Bedarf flüssiger Süßstoff
- 1 kleine Karambole
- Eiswürfel

Die Zubereitung

1. Die 2 Teebeutel in Gläser mit etwa 150 ml heißem Wasser geben und für etwa 4 Minuten ziehen lassen. Danach die Teegetränke für 30 Minuten abkühlen lassen.
2. Währenddessen die Cherimoya vorbereiten und nach gründlicher Reinigung in kleine Stücke schneiden.
3. Die Cherimoya wird zusammen mit dem Joghurt in eine Schüssel ein hohes Gefäß gegeben. Beide Zutaten miteinander verrühren. Ein wenig Süßstoff zum Verfeinern hinzufügen.
4. Die Karambole säubern, trockentupfen und in dünne Scheiben schneiden. Beiseitelegen.
5. Jetzt wird der vorbereitete Tee zusammen mit allen restlichen Zutaten in einem geeigneten Gefäß mithilfe eines Stabmixers gründlich püriert.
6. Das Gebräu in 2 Gläsern abfüllen und mit den übrig gebliebenen Karambolen schmücken.

Nährwertangaben pro Portion:

Proteine: 4 g, Fett: 1g, Kohlenhydrate: 16 g, Kalorien: 95 kcal

+ + + Magnesium, Vitamin C

Grasgrüner Melonen-Spinat Saft

Geschätzte Zeit für die Zubereitung: 15 Minuten

Die Zutatenliste (für 2 Portionen)

- 1 kleine Honigmelone (ca. 350 g)
- 500 g junger zarter Blattspinat
- 2 Stück
- Zimtstange (ca. 1 cm)
- Muskatnuss
- Eiswürfel

Die Zubereitung

1. Die Honigmelonen Kerne mithilfe eines Löffels aus dem Inneren entfernen. Das Fruchtfleisch in von der Schale lösen und anschließend in kleine Würfel hacken.
2. Säubern Sie den Spinat mit warmem Wasser gründlich. Anschließend trockentupfen.
3. Die Schale von der Zimtstange mit einem scharfen Messer abreiben und in ein kleines Gefäß geben.
4. Der vorbereitete Spinat wird ausgedrückt und zusammen mit den Melonenstücken in einen Standmixer gegeben. Gründlich pürieren und den Fruchtsaft in Gläser abfüllen.
5. Ein wenig Muskatnuss zum Smoothie hinzugeben und eine Prise Zimt dazu streuen. Die Eiswürfel als Abkühlung dem Getränk beifügen.

Nährwertangaben pro Portion:

Proteine: 4 g, Fett: 0g, Kohlenhydrate: 15 g, Kalorien: 82 kcal

+ + + Vitamin C, Magnesium, Folsäure, Kalzium

Gurken-Früchte Kuddelmuddel

Geschätzte Zeit für die Zubereitung: 10 Minuten

Die Zutatenliste (für 2 Portionen)

- 1 reife Papaya
- 2 Mini-Salatgurke
- 4 kleine Orangen
- Eiswürfel

Die Zubereitung

1. Die Papaya in 2 Hälften zerteilen. Das Fruchtfleisch in kleine Würfelteile schneiden, die Kerne entfernen und zusammen in einen Standmixer geben.
2. Die Salatgurke muss gründlich gesäubert werden und 2 Gurkenscheiben werden abgeschnitten und beiseitegelegt.
3. Restliche Gurke in kleine Würfel hacken und zum Standmixer hinzufügen.
4. Die Orangen werden so geschält, dass auch die weiße Orangenhaut beseitigt wird. 2 Scheiben von einer Orange werden beiseitegelegt. Restliche Orange wird in kleine Würfelstücken geschnitten.
5. Alle vorbereiteten Zutaten gemeinsam mit Eiswürfeln in den Standmixer geben und gründlich pürieren.
6. Den entstandenen Fruchtsaft in 2 Gläser abfüllen und mit den weggelegten Fruchtscheiben dekorieren.

Nährwertangaben pro Portion:

Proteine: 4 g, Fett: 1g, Kohlenhydrate: 23 g, Kalorien: 125 kcal

+ + + Vitamin C, Magnesium, Folsäure

Zimtige Pflaumen Verführung

Geschätzte Zeit für die Zubereitung: 15 Minuten

Die Zutatenliste (für 2 Portionen)

- 4 getrocknete Pflaumen
- 200 ml Dickmilch (1,5 % Fett)
- 2 TL Zimt
- 200 ml eiskaltes Mineralwasser
- nach Belieben flüssiger Süßstoff
- 2 kleine Zimtstangen
- Eiswürfel

Die Zubereitung

1. Die Pflaumen in 2 Hälften teilen, von den Steinen befreien und in grobe Stücken zerhacken.
2. Die Trockenpflaumen gemeinsam mit der Dickmilch und Zimt einen passenden Stabmixer geben. Die Zutaten gründlich miteinander vermixen. Bei Bedarf mit etwas Süßstoff verfeinern. Den Shake gemeinsam mit Eiswürfeln in 2 Gläsern servieren und das Mineralwasser hinzufügen.
3. Die Zimtstangen werden als Deko hinzugegeben.

Nährwertangaben pro Portion:

Proteine: 4 g, Fett: 2g, Kohlenhydrate: 13 g, Kalorien: 90 kcal

+ + + Kalium, Kalzium, Magnesium

Kiba Hafertraum

Geschätzte Zeit für die Zubereitung: 5 Minuten

Die Zutatenliste (für 2 Portionen)

- 2 kleine Bananen
- 200 g Joghurt
- 200 ml Kirschsaft
- 6 EL feine Haferflocken

Die Zubereitung

1. Bananen zuallererst schälen und in dünne Scheiben schneiden.
2. Die Banane zusammen mit dem Kirschsagt und Joghurt in einen Standmixer geben und alle Zutaten gründlich pürieren.
3. In passendes Gefäß abfüllen, die Haferflocken dem Fruchtsaft hinzufügen und verrühren.

Nährwertangaben pro Portion:

Proteine: 9 g, Fett: 4g, Kohlenhydrate: 52 g, Kalorien: 288 kcal

+ + + Kalium, Kalzium, Magnesium, Iod

Kiwi-Limetten Träumerei

Geschätzte Zeit für die Zubereitung: 20 Minuten

Die Zutatenliste (für 2 Portionen)

- 6 große Kiwis (à 75 g)
- 4 Limetten
- 1 Granatapfel (ca. 350 g)
- Eiswürfel

Die Zubereitung

1. Kiwis schälen und in grobe Würfelteile schneiden
2. Die Limetten mit heißen Wasser reinigen und in 2 Hälften teilen. Es wird von diesen Stücken jeweils eine dünne Scheibe abgeschnitten. Diese Scheiben beiseitelegen.
3. Die Limetten mithilfe einer Fruchtpresse gründlich entsaften und den Obstsaft in ein Gefäß sammeln.
4. Der Granatapfel wird mit einem Messer von Oben aufgeschnitten und über einer Schüssel mit Druck aufgebrochen. Die Fruchtkerne herauslösen und in die Schüssel geben.
5. Die vorbereiteten Kiwi Stückchen werden mit dem Limettensaft in einen Standmixer gegeben und püriert.
6. Den Fruchtsaft in 2 Gläsern abfüllen und mit Eiswürfeln servieren. Die Granatapfelkerne werden dem Smoothie beigefügt.

Nährwertangaben pro Portion:

Proteine: 3 g, Fett: 3 g, Kohlenhydrate: 39 g, Kalorien: 219 kcal

+ + + Vitamin C, Kalium, Magnesium, Folsäure

Schwarz-Weißes Fruchtgelüst

Geschätzte Zeit für die Zubereitung: 10 Minuten

Die Zutatenliste (für 2 Portionen)

- 1 Banane (ca. 100 g)
- 300 g Vanillejoghurt (1,5 % Fett)
- 4 EL Milch (1,5 % Fett)
- 2 TL entöltes Kakaopulver
- 2 TL Schokoraspel
- 4 Walnusskerne

Die Zubereitung

1. Schälen Sie die Banane, schneiden sie diese in kleine Stücken und geben sie die Frucht in einen Stabmixer. Ebenfalls den Vanillejoghurt und die Milch hinzufügen und die Zutaten alle gründlich pürieren.
2. Geben Sie die Hälfte des Joghurt-Milch Gemischs in ein Glas und verrühren Sie es mit dem Kakaopulver und Schokoraspeln.
3. Die Walnüsse in kleine Stückchen zerhacken und zu dem verbleibenden, weißen Joghurt Gemisch hinzu.
4. Die weiße Joghurt Flüssigkeit in das dunkle, schokoladige Gebräu laufen lassen.

Nährwertangaben pro Portion:

Proteine: 8 g, Fett: 9 g, Kohlenhydrate: 42 g, Kalorien: 285 kcal

+ + + Vitamin B6, Magnesium

Kaki-Buttermilch Sehnsucht

Geschätzte Zeit für die Zubereitung: 10 Minuten

Die Zutatenliste (für 2 Portionen)

- 2 reife Kaki (ca. 80 g)
- 500 ml Buttermilch
- 4 EL Weizenkeim (ca. 20 g)
- Eiswürfel

Die Zubereitung

1. Kaki gründlich abwaschen und den Stilansatz entfernen. Jetzt die Frucht vierteln.
2. Buttermilch in einen Standmixer geben und mit der Kaki und den Weizenkeim vermixen. Die Flüssigkeit in ein Glas abfüllen und mit Eiswürfeln verfeinern.

Nährwertangaben pro Portion:

Proteine: 13 g, Fett: 3 g, Kohlenhydrate: 27 g, Kalorien: 200 kcal

+ + + Folsäure, Provitamin A

Gelbe Ananas Sensation

Geschätzte Zeit für die Zubereitung: 45 Minuten

Die Zutatenliste (für 4 Portionen)

- 1 halbe, mittelgroße Ananas
- 1 Banane
- 3 EL Honig nach Geschmack mehr oder weniger
- 100 ml Orangensaft frisch gepresst
- 1 Viertel TL Zimtpulver
- 400 ml Buttermilch

Die Zubereitung

1. Entfernen Sie die Ananas Schale vom Fruchtfleisch, schneiden Sie den Stunk aus der Frucht und bereiten Sie kleine Ananas Scheiben vor. Die Fruchtstücke auf einem Blech für ungefähr 30 Minuten in die Gefriertruhe geben.
2. Währenddessen schälen Sie die Banane und schneiden Sie die Frucht in dünne Scheiben.
3. Nachdem die Ananas im Gefrierfach runtergekühlt wurde, wird das Obst gemeinsam mit der Banane, dem frisch gepressten Orangensaft, der Buttermilch und dem Zimtpulver in einen Standmixer gegeben. Alle Zutaten gründlich pürieren.

Nährwertangaben pro Portion:

Proteine: 4 g, Fett: 4 g, Kohlenhydrate: 42 g, Kalorien: 208 kcal

+ + + Vitamin C, Vitamin A

Wasabi Gurken Cocktail

Geschätzte Zeit für die Zubereitung: 15 Minuten

Die Zutatenliste (für 1 Portion)

- 4 Stiele Dill
- 1 Stück Gurke (100 g)
- Meersalz
- 1 TL Wasabi-Paste
- weißer Pfeffer
- 50 ml Milch (1,5 % Fett) (eiskalt)

Die Zubereitung

1. Dill abwaschen und trockentupfen. Die Gurke reinigen abtrocknen.
2. Entfernen Sie von der Gurke eine daumenbreite Scheibe. Jetzt etwa 2/3die Gurke längs anschneiden mit feinen, enganliegenden Einschnitten. Die Gurke auffächern und auf einen Holzspieß geben.
3. Der Rest der Gurke wird in kleine Würfel geschnitten und gemeinsam mit dem Dill und einer Prise Salz in einem Standmixer püriert. Danach wird der Gurkenbrei durch ein Sieb gepresst und die Flüssigkeit in einem Gefäß aufgesammelt.
4. Die Flüssigkeit mit Wasabi-Paste, ein wenig Pfeffer und der Milch vermengen. Jetzt in geeignete Gläser abfüllen und mit dem Gurkenspieß servieren.

Nährwertangaben pro Portion:

Proteine: 3 g, Fett: 1 g, Kohlenhydrate: 7 g, Kalorien: 50 kcal

+ + + Magnesium

Würziger Guacamole-Avocado Longdrink

Geschätzte Zeit für die Zubereitung: 20 Minuten

Die Zutatenliste (für 8 Portionen)

- 1 kleine, reife Avocado
- 1 Limette
- kleine grüne Chilischote
- 200 ml Gemüsefond
- 1 Kartoffel
- Frittierfett
- 100 g frisches Lachsfilet
- 1 Frühlingszwiebel
- rosa Pfeffer aus der Mühle

Die Zubereitung

1. Die Avocado albieren und den Kern entfernen. Fruchtfleisch mit einem Löffel von der Schale entfernen.
2. Limette halbieren und durch eine Saftpresse geben. Restliches Fruchtfleisch von der Limettenschale lösen.
3. Avocado und alle Limettenbestandteile in einen Standmixer geben. Chili Schote reinigen, in kleine Stücken hacken und in den Mixer hinzufügen. Gemüsefond wird beifügen. Alle Zutaten im Mixer gründlich pürieren.
4. Ein wenig Salz und Pfeffer zum Verfeinern hinzufügen. Den Drink erstmal in den Kühlschrank abkühlen lassen.
5. Kartoffel abwaschen und längs in 8 Spalten schneiden.
6. Da Frittierfett auf 170 Grad erwärmen und die Kartoffelspalten hellbraun frittieren. Danach herausnehmen und das Fett abtupfen. Lachsfilet in kleine Würfel schneiden.
7. Die Zwiebel in kleine Würfel hacken. Lachs gemeinsam mit Zwiebeln, Pfeffer und Salz vermischen.
8. Den kaltgekühlten Avocado Drink in Schnapsgläser abfüllen und mit je 1 Kartoffelspalte und dem Lachs schmücken. Jetzt kann der Drink mit Beilagen verzehrt werden.

Nährwertangaben pro Portion:

Proteine: 3 g, Fett: 5 g, Kohlenhydrate: 1 g, Kalorien: 60 kcal

+ + + Vitamin C, Vitamin K1, Folsäure

Erquickender Maracuja-Sellerie Shake

Geschätzte Zeit für die Zubereitung: 20 Minuten

Die Zutatenliste (für 2 Portionen)

- 1 Orange
- 2 Maracujas
- 1 Kiwi
- 2 Stangen Staudensellerie
- 75 ml Ananassaft
- 1 EL Ahornsirup
- Eiswürfel

Die Zubereitung

1. Die Orange wird gründlich abgewaschen und in 2 Teile halbiert. Die Schale wird nun entfernt vom Fruchtfleisch.
2. Die Maracujas werden ebenfalls halbiert und das Fruchtfleisch vom Obst wird mithilfe eines Löffels entfernt. Das Fruchtfleisch wird durch ein Sieb gepresst, so dass die Kerne rausgefiltert werden. Die Kiwi schälen und in kleine Stücke schneiden.
3. Den Sellerie waschen und trockentupfen. Das obere Ende vom Sellerie wird gemeinsam mit etwa 4 cm vom Selleriestiel entfernt und erstmal zur Seite gelegt.
4. Den Rest von der Selleriestange in kleine Stückchen schneiden und gemeinsam mit der Kiwi und den Maracujas in einen Standmixer geben. Ananassaft hinzufügen und gründlich durchpürieren. Mit dem Ahornsirup dem Shake versüßen.
5. 2 Gläser vorbereiten mit einigen Eiswürfeln und den Shake hineingießen. Die beiseitegelegten Sellerieblätter können als Dekoration verwendet werden.

Nährwertangaben pro Portion:

Proteine: 2 g, Fett: 0 g, Kohlenhydrate: 17 g, Kalorien: 90 kcal

+ + + Magnesium, Vitamin C

Schlusswort

Sie sind am Ende dieses Buchs angekommen, doch Ihre persönliche Reise beginnt gerade erst. Ganz sicher sind Sie schon sehr aufgeregt über die bevorstehenden Events und Ereignisse und das ganz zu Recht. Vor Ihnen steht eine spannende, manchmal nervenaufreibende und doch so wunderbare Zukunft.

In diesem Buch konnten Sie lernen wie Sie Ihre Schwangerschaft auf eine gesunde & natürliche Art meistern können. Jetzt müssen Sie die neu erlernten Lektionen nur noch tatsächlich umsetzen und Sie werden von den Erfolgsresultaten erstaunt sein.

Ihr Kind und Ihre eigene Gesundheit verdienen nur das Beste. Das sollten Sie sich regelmäßig vor Augen halten. Als werdende Mutter tragen Sie nun die vollständige Verantwortung für einen neuen Menschen, der komplett von Ihnen abhängig ist. Geben Sie Ihrem Kind Ihre ganze Liebe und Sie werden sehen wie hervorragend sich Ihr Neugeborenes entwickeln wird. Dafür ist jedoch schon heute die Zeit gekommen, indem Sie sich um Ihren eigenen Körper richtig kümmern und sich nur mit den besten Nährstoffen für Ihre Gesundheit versorgen. Wie Sie dies am besten anstellen können, wissen Sie bereits. Treffen Sie nun die Entscheidung für ein gesundes Leben und Ihr zukünftiges Ich und Ihr bald geborenes Baby werden Ihnen dafür dankbar sein.

Ganz sicher wird die Umsetzung eines gesunden Lebensstils Ihnen nicht immer einfach fallen. Doch eines Tages werden Sie auf Ihre ganzen Mühen und Anstrengungen zurückblicken können und Sie werden ein starkes Gefühl von Stolz und Dankbarkeit verspüren. Sie werden stolz sein, auf sich selbst und all Ihre Errungenschaften und dankbar für die Gesundheit und Entwicklung Ihres Kindes. Und diese Dinge können Sie mit keinem Geld auf der Welt bezahlen. Sie wissen jetzt, was als nächstes zu tun ist.

Denken Sie auch an Ihren Partner und lenken Sie seine Aufmerksamkeit auf die kostenlose Videoreihe von *Mann weiß Bescheid*. In kurzer Zeit kann er sich bequem von zuhause aus auf die Schwangerschaft und Geburt vorbereiten und erhält Informationen aus erster Hand eines Zweifach-Papas. Hier erhält Ihr Partner die auf ihn zugeschnittenen Lösungen

➡ https://www.mann-weiss-bescheid.de/dein-geschenk

Ich wünsche Ihnen viel Erfolg bei der Umsetzung Ihres neuen Lebensstils und der Bewältigung aller bevorstehenden Herausforderungen. Wenn ich diese Aufgaben meistern konnte, dann können Sie das auch. Die HUMAN HEALTH EXPERTS und ich glauben an Sie!

Marlene Friedmann

HUMAN HEALTH EXPERTS

Weitere Bücher der HUMAN HEALTH EXPERTS

Marlene Friedmann

Der Bauch nach der Geburt

Matthias Kadott

Papa werden

Mann weiß Bescheid

Der Geburtsvorbereitungskurs von Mann zu Mann

Sind wir mal ehrlich: die Männer für die Geburtsvorbereitungskurse zu motivieren ist eher schwierig. Wenn sie mitgehen, dann schlicht und ergreifend auf Grund des schlechten Gewissens uns Frauen gegenüber. Denn mit zehn schwangeren Frauen und deren Partner in einem Raum zu sitzen, sich die Probleme der anderen anhören und so tun, als kenne man sich, ist nicht jedermann Sache.

Doch wie wäre es,

- wenn der Mann von einem Mann auf die Geburt vorbereitet wird?
- wenn er aus erster Hand erfährt, wie es für einen Mann ist, bei der Geburt dabei zu sein und wie er seiner Frau helfen kann?
- wenn der Mann erprobte Tricks für den Kreißsaal erfährt, die Frauen garantiert beruhigen und helfen?
- Wenn der Kurs einfach bei ihm zuhause stattfindet, wann er will und wo er will, ohne dass extra Termine geplant werden müssen.

Dann würde sich der Mann auf den Geburtsvorbereitungskurs vielleicht sogar freuen. Ein Versuch ist es wert! Kostenlos nur für kurze Zeit und nur über diesen Link.

http://bit.ly/fuerdenmann

Impressum

1. Auflage

 Kontakt und Lektorat: Marlene Friedmann, Herausgeberin: Bianca Kafarnik, Thekla-Trück-Str. 7, 76456 Kuppenheim, Covergestaltung: germancreative/fiverr.com, Coverfoto: depositphotos.com

Printed in Poland
by Amazon Fulfillment
Poland Sp. z o.o., Wrocław

50615347R00056